不要只摸到象鼻子
CMO 的進化——CGO 的時代，
從品牌觸點到顛覆性行銷思維，

賽 著



# 科特勒眼中的行銷變與不變

The Art of Marketing by PHILIP KOTLER

行銷思維
從理論到實踐的
全方位指南

◎解鎖行銷策略，掌握未來趨勢與成長機會
◎揭祕數位時代行銷的核心法則，迎接變革挑戰
◎從可口可樂案例到數位策略，全面剖析市場成長

探索行銷之父科特勒的智慧
領略策略轉型的藝術

# 目錄Contents

第二篇

## 數位時代，重構行銷策略



第三篇

## 數位化時代的行銷能力與行銷想像力

# 作者簡介

王賽　博士

Dr. Sam Wang

王賽博士是科特勒諮詢集團（KMG）中國區合夥人，師從行銷學之父菲利普 · 科特勒，被科特勒稱為「數位時代 CEO 最值得拜會的市場策略顧問之一」，為世界 500 強與創新型公司的 CEO 提供深度的市場策略決策服務。王博士是巴黎大學博士，並曾在哈佛商學院、巴黎 HEC 商學院、INSEAD 商學院等世界一流大學進修，他還是《中歐商業評論》、《清華管理評論》、《管理學家》的特約撰稿人，擔任多家公司董事和十餘家大型公司 CEO 的特聘顧問。王博士也是一位足跡遍布全球的環球旅行者，並著有經管類暢銷書《數位時代的行銷策略》。

# 前言

自從 2017 年可口可樂取消 CMO，設置新的職位 CGO 開始，越來越多的企業開始把成長總監（CGO）變成驅動公司業務成長的核心，可以預見，CGO 將替代傳統的 CMO、CSO、COO，成為公司 CEO 最重要的成長參謀與操盤作戰者。

行銷學之父菲利普 · 科特勒曾說，要把行銷作為一種市場策略！市場策略的核心是什麼？是市場成長，實現客戶價值與公司價值的共同成長！那傳統的 CMO 如何升級？ CGO 需要哪些核心能力？ CGO 的市場策略與傳統行銷策略究竟有何不同？市場成長的觀念如何有效轉化為實施路徑？這些都是寫這本書的價值和意義所在。

本書作者提出何謂市場策略，何謂市場層面的公司成長策略，商業策略與行銷策略究竟不同之處何在，何謂競爭策略的咽喉，基於歷史和邏輯全面還原行銷的本質，並提出 CGO 的八大核心能力，本書適合 CEO、CMO 以及工商管理領域的專業人士和 EMBA、MBA 閱讀。

# 推薦人

行銷的核心從來就是成長，以成長為核心創造客戶價值與企業價值，很高興看到我的合夥人王賽博士的新作。

——曹虎博士，科特勒諮詢集團中國區總裁、合夥人

王博士是我見過的最有活力的策略諮詢顧問，也是我認識的頂級行銷策略專家。

——王群，前 IBM 蓮花軟體中國區總經理

此書對於企業了解何謂行銷很有幫助，行銷是一種市場導向的策略，這種策略才是企業策略的核心，而非傳統的策略規劃。

——（美）艾拉· 考夫曼　博士，凱洛管理學院數位行銷客座教授

王博士總有新思維和新觀念，新時代下企業的市場部應該承擔更多的責任，推薦給所有的 CMO 和 CEO。

——楊磊　HP 軟體服務部　大中華區總經理

管理者必讀佳作。推薦給 EMBA 學生閱讀。

——任建標　上海交通大學安泰管理學院 EMBA 教授

王博士是我多年的朋友，是我見過最鋒利的策略諮詢顧問之一，非常興奮看到這位諮詢 CEO 殺手的力作！

——（日本）任田協申一　前日本三菱 UFJ 諮詢策略顧問長

# 序

2017 年，可口可樂公司取消了設置 24 年之久 CMO（行銷長）的角色，取而代之的是新的職位—— CGO（成長總監）。

這件事發生後，至少有十家媒體的記者採訪我，問我的看法。我說毫不驚奇，以我十餘年的諮詢顧問生涯來看，接觸過無數 CMO，但是深感失望，因為絕大部分 CMO 實際上做的事情只是廣告活動策劃與投放。我曾應阿里集團的邀請，參加一個 CMO 論壇，題目是「市場行銷策略的數位化轉型」，整場討論下來，我發現大多數邀請嘉賓討論的是數位化廣告的投放，而我討論的是市場驅動的頂層設計怎麼做，比如公司可以不可以去中介化、可不可以發展共享經濟、可不可以用「結果經濟」重新定義自己的產品和服務，前者和後者討論的內容形成了極大的反差。正巧當天論壇過後，我去上海浦東機場接米爾頓· 科特勒先生，我跟他談及此事，他很直截了當地說：「行銷被廣告、公關以戰術化，遮蔽了市場驅動的策略化，我們的業務夥伴是 CEO，這才是菲利普 · 科特勒行銷策略實施的對象！」

的確如此。在當前數位化的時代，行銷一方面需要重新定義；另一方面需要破除 CEO 對行銷的誤解。杜拉克說，真正為企業創造價值的企業職能只有兩個——創新與行銷。其他所有環節，包括供應鏈管理、人力資源管理、財務管理乃至策略管理，都在為這兩個價值的實現而服務。也正如菲利普 · 科特勒對我說的，行銷策略，或者叫做市場驅動型策略，才是公司策略的核心，原有的策略規劃只能叫做「規劃」、自說自話。從這個層面上看，可口可樂把 CMO 升級為 CGO，和菲利普 · 科特勒行銷策略的核心幾乎一致——以市場為核心，驅動公司業務的成長。

我很有幸在自己的職涯中，得到行銷學之父菲利普 · 科特勒的專門指導，幫助 CEO 真正從市場成長的角度設計策略、設計行銷之父眼中真正的「行銷策略」。與世界上最聰明的頭腦一起工作，深感壓力和動力，在我的諮詢生涯中，解決的問題，幾乎都是以市場為核心、CEO 層面的市場成長問題，換句話講，真正的行銷策略必須指向業務的成長。近十餘年，我為平安集團保險業務制定行銷策略，幫助其第一次完善與整合對公金融服務的交叉銷售能力，完成水平行銷策略系統，開中國金融交叉銷售策略設計之先河；為寶鋼集團提供公司品牌策略規劃，協助寶鋼從鋼鐵企業走向多元化集團，奠定整體公司品牌基礎和系統品牌管理能力；為華潤雪花啤酒提供產品品牌策略服務，幫助雪花啤酒準確定位新一代年輕群體，重新進行品牌整合和定位，使其從 2004—2015 年業務成長 11 倍，達到 1168 萬公秉，成為全球銷售規模最大的啤酒品牌；為中航國際集團提供集團化和國家化的品牌策略服務，協助其多元業務獲取品牌層面的養育優勢（parenting advantage）……這些都是 CEO 層面的行銷、CEO 層面的市場策略、CEO 層面的成長策略！

幾年前在東京，我與倫敦商學院的庫馬教授共進晚餐，他是菲利普 · 科特勒最得意的門生之一，執教於哈佛商學院、倫敦商學院，同時在印度最大的企業集團「塔塔」擔任企業行政研發部總裁，他送給我他的新書《作為策略層面的行銷》（Marketing as Strategy），整本書談的是 CEO 層面的市場成長策略，討論全球範圍內市場細分、客戶忠誠管理、品牌策略等幫助 CEO 如何實現成長，如何創造客戶價值與公司價值；無獨有偶，我應科特勒印度尼西亞合夥人赫馬溫博士的邀請，去峇里島參觀他勸服印度尼西亞總統捐建的世界上第一個行銷博物館，博物館中提到的行銷「里程碑式」的人物——比爾蓋茲、馬克· 祖克柏、理查· 布蘭森、賈伯斯，清一色全是 CEO。從 CMO 到 CGO，不是其中的 M —— Marketing 消失了，是 Marketing 要真正回歸到杜拉克所講、菲利普 · 科特勒講、以及科特勒諮詢全球同仁正在追求的——讓市場策略成為公司策略的核心。我深深地感覺到，讓行銷回歸到 CEO 層面的市場驅動策略，已經成為我們新一代諮詢顧問的責任與使命。

願本書的出版，既承擔有新一代諮詢顧問的責任與使命，也帶給您閱讀的快樂，是為序。

科特勒諮詢集團中國區管理合夥人　王賽

# 第一篇

# 行銷的本質：基於市場策略的成長

## 篇頭導讀

現任行銷長（CMO）MarcosdeQuinto，可能是該公司自 1993 年設立該職位後最後一任 CMO 了。這位主導了可口可樂近年來最大的品牌口號調整和「一體化行銷」的負責人即將退休，可口可樂將其原本負責的行銷業務，與用戶服務、商業領導策略整合在一起，設立了一個新的高管職位——成長總監（CGO）。

什麼是 CGO？核心在 G（Growing），成長！成長的泉源在哪？在於市場不斷滿足客戶需求、創造客戶價值；不斷與競爭對手區隔，獲得差異化的優勢；不斷與客戶建立持續交易的基礎，關注客戶終身價值；不斷以市場洞察為核心，重構企業的價值鏈流程……

傳統時代，企業關注商業策略，可是讓人難以滿意的結果是：絕大部分傳統的「策略規劃」真的變成了「規劃（鬼話）」。因為在這個時代，最重要的策略制定方法，應該是衝到前線，用市場策略倒推你的公司策略，否則公司策略將變成一堆無用的報告。在今天，企業家應該盯住你的行銷策略，而非商業策略，因為市場策略直接解決你的成長問題。菲利普 · 科特勒曾說：市場策略是企業成長的唯一引擎，行銷的核心是市場為導向的公司策略！一切策略、商業模式、組織設計、公司改革，本質都指向市場業務的成長。高管和企業家不懂市場成長策略，必被競爭對手拉下馬。這也是科特勒諮詢在中國，我和我的團隊幫助上百家公司建立市場成長策略的動因。

本篇集中討論，如何設計基於市場的成長策略，回答 CGO 的 G（Growing）如何設計，展示企業利潤區成長的全景圖是什麼，這裡每一條路徑，都是 CGO 可以再次深思的成長向量；本篇也會談到，行銷策略與商業策略的區別究竟是什麼；CMO 升級到 CGO，行銷思維中的策略家思維是什麼，如何看待競爭策略的咽喉；其中，我也把在東京自己與菲利普 · 科特勒的一次重磅對話錄放入。在這篇對話中，可以看到什麼叫科特勒眼中的「以市場為導向的策略」，即「市場策略」；值得一提的是，我收錄了一篇自己認為非常重要的文章，即〈行銷的本質：從霍爾拜因密碼到盲人摸象〉，這篇文章我模仿大師明茲伯格解構策略，寫《策略的歷程》的方法，基於歷史與邏輯的維度，直入行銷策略的本質，可以說是行銷版的《策略的歷程》。我始終認為，行銷是策略設計的最核心，讀懂這個本質，CGO 的職能設計、企業家的成長策略地圖，才能在數位時代真正應用，因為任何工具背後的真理是思想；思想的核心是本質。

# 01 關於可口可樂取消 CMO，行銷之父科特勒在董事會上的諮詢建議是什麼

「行銷起始於一個價值承諾，行銷策略就是成長策略，就是不斷地把價值承諾轉化成行動體系的實踐。」

近日，可口可樂公司宣布了一則重磅消息：可口可樂全球行銷長 Marcos de Quinto 即將退休，之後可口可樂將取消設立 24 年的 CMO 一職，這意味著 Marcos de Quinto 可能成為可口可樂歷史上最後一位行銷長。之後，可口可樂將由成長總監（Chief Growth Officer）統一領導市場行銷、商業領導策略、用戶服務等業務，並直接向 CEO 匯報工作。消息一出，引發行業高度關注。

對此消息，我並不驚奇，但你知道行銷之父菲利普 · 科特勒怎麼說嗎？

一次，我跟隨菲利普 · 科特勒參加某著名公司的董事會，當行銷部門提案後，菲利普· 科特勒直接迅速並嚴厲地回應道：「你們做的不叫行銷！行銷策略是一套完整的客戶價值創造體系，引領公司獲取獨特的競爭地位，它的核心是保持企業持續成長，它的本質是市場驅動型策略！」

在我的顧問生涯中，接觸過大量 CMO，坦白地說，90% 可以稱為「廣告花錢總監」或叫做「活動總監」，做的事沒有達成一個行銷策略的功能，更談不上對公司策略的支撐，CEO 無法指望靠 CMO 為公司持續獲得利潤

和客戶，本應是公司成長核心的 CMO 卻成了「成本總監」。這不禁讓人開始思考：到底是 CMO 出現了問題，還是 CMO 的功能出現了問題？

行銷策略的核心本質，是市場驅動型策略，不應該是，或不只是我們所看到的廣告、活動、公關這些戰術層面的內容，用這些類比行銷策略，好比用飛刀的鋒利替代了全局孫子兵法，用新款槍械替代了克勞塞維茨（Carl von Clausewitz）的戰法，前者與後者之間何止是層級、視野、系統、格局的差異。

可口可樂這次取消了 CMO，但是中國很多大型企業，甚至不設置 CMO（至少中國很多企業的 CMO 功能，都是我們參與諮詢重整），這背後的原因，就如科特勒在董事會現場所拋出的問題——你的行銷策略在為客戶創造價值嗎？究竟是不是承擔了企業業務成長的核心驅動引擎？只有滿足了這點，行銷策略才是解決 CEO 層面的市場策略。

所以菲利普· 科特勒一直私下說，雖然他的《行銷管理》已經橫跨 50 年，影響了一代一代的企業家高管，但真正落實行銷策略的企業並不多。也正因為此，科特勒諮詢的印度尼西亞合夥人赫馬溫博士，聯合菲利普· 科特勒勸服印度尼西亞總統支持，在峇里島的烏邦皇宮旁邊，在古建築群中，開闢出世界第一個行銷策略博物館。博物館中珍藏了大量的關於行銷的書籍與音影資料，而特別要提出的是，專門為博物館錄製這些影片的對象，包括賈伯斯、比爾· 蓋茲、馬克· 祖克柏、布蘭森等，清一色全部都是 CEO，他們是真正懂得行銷是一門市場策略的 CEO。菲利普· 科特勒在入口的門牌上寫道：他們把行銷的觀念應用到了企業的每一個環節，正因為此，他們會成為偉大的市場驅動型 CEO，創建出了影響人類進程史的企業。

這應該是今天重構行銷所應該理解的意義和功能，所以我覺得不是行銷出問題，是行銷部門的職能出問題，是 CMO 的策略功能出問題，這也是我們一代行銷高管、行銷策略諮詢公司應該重建的責任與推之不去的使命。

我們長期幫助CEO重構行銷策略，就像科特勒一直在談的一句話：當你問CEO什麼是行銷策略時，可將其分成四種完全不一樣的格局：

行銷共有4P，分別是product（產品）、price（價格）、place（地點）、promotion（促銷）。

第一種，1P型的CEO（行銷4P中的一個P）。我們現在看到很多公司的行銷部在做廣告投放、公關，甚至還有大量的總監級別領導還在研究文案，這是典型的1P，菲利普·科特勒將其稱為MarCom（Marketing Communication）行銷部。

第二種，4P型CEO（行銷4P融合）。把行銷戰中產品、定價、通路、促銷傳播有效結合、規劃。典型的案例如早年的HP，市場總監每年第一要事去研究市場痛點（Pain Point），指導產品創新與改進、價格策略、通路管理等，這算不錯的公司了，在中國前20年，尤其是看準通路，其他3P圍繞其配合，基本上都算成功，TCL、康師傅、娃哈哈都是這樣打出天下。

第三種，稱為STP（市場細分、目標市場選擇、定位）+4P型CEO。注意，這裡面行銷開始上升到策略功能，比如透過定位實現心理認知系統層面的差異化，但是企業家另一個痛點開始顯現。由於競爭激化，認知的差異化的支撐性並不大，在這裡，整個STP的融合尤其關鍵，正如科特勒14年前操盤雪花啤酒，定位的前提是細分出年輕一代的市場，從當時整個目標市場選擇無差異化的現狀中找到新增市場，賦理念以發生，從10億做到380億。

第四種，叫做ME Marketing型CEO。ME什麼意思，ME=Marketing Everywhere，行銷的思維無所不在，真正回到了管理學開創者，杜拉克先生所提到的——企業本質只有兩個核心功能：創新與行銷。把行銷當作核心策略，當作客戶價值與公司內部營運合一的核心，這種類型的CEO，也就是我們提及的世界行銷博物館中的那些「里程碑商界人物」！

回到事件，從現象穿透到本質，再反身回到現象本身，是行銷出問題嗎？還是 CMO 的功能與價值出現問題？

可口可樂的 CGO 也好，或者我談及的市場策略長也罷，都只是個名字；名皆虛妄，不如像小李飛刀一樣，血淋淋直入本質！ CEO 需要的是能解決市場成長策略的 CMO，需要的是市場成長策略，需要明確給出業務的成長來源，需要能跳出一棵樹的視野、俯瞰整座森林，搭建以市場成長為核心體系的職能或團隊。

最後，引用在那場驚心動魄的董事會上，菲利普· 科特勒給公司 CEO 的諮詢建議：請把行銷作為一種成長策略！行銷起始於一個價值承諾，行銷策略就是成長策略，就是不斷把價值承諾轉化成行動體系的實踐！如果五年內你還在按照一樣的方式，做一樣的生意，那你就離關門大吉不遠了！

# 02 利潤區突圍路線圖：尋找下一個成長點

世界經濟的衰退似乎有所減緩，人們都在積極爭論著中國經濟復甦的持續性。宏觀經濟的預測變得越來越困難，每一個要素的變異都能引起經濟運行軌跡的快速切換，用菲利普· 科特勒先生的話說：市場進入了混沌與動盪時代。在依存度日益增強的全球化時代，在間歇性繁榮和經濟下滑過程中，混沌、動盪已經成為一種常態。

在動盪與混沌時代，市場的洗牌越來越激烈，土地價格、資源價格、勞動成本直接增加了企業的成本壓力，中國高成本時代已經來臨；消費者討價還價能力越來越強，更加關注產品的價值實現能力；市場競爭加劇，精品品牌開始向下滲透，價格戰、通路戰並起；行業利潤進一步被瓜分，企業利潤區在萎縮。

企業應該如何突圍？企業應該如何防止利潤區的萎縮？是進一步進行產品創新，抓住新客戶？是擴張新的經營方式？還是重構新的商業模式？我想，在這個混沌與動盪的時代，任一種簡單的市場策略都難以幫助企業系統突出重圍，企業更需要基於不同的行業特質，找出企業利潤區萎縮的背後要因，並基於企業自身的資源，找到自身利潤區的突圍方向，以尋求下一個企業成長點。

## 1．企業利潤區大小由何決定

為什麼大部分企業的利潤區在縮小？為什麼這些企業「身陷重圍」、成長乏力？我想這是我們要深掘的第一個問題，要準確回答這個問題，我們必須問自己：企業的利潤區大小由何種要素決定？

決定企業盈利能力或者利潤區大小的關鍵要素有三個：第一個要素是宏觀經濟的紅利，宏觀經濟變好，經營環境優化，自然能推動企業的利潤區成長，這是 2001 年中國加入 WTO 一直到金融海嘯前，很多企業能顯著感受到的，全球化市場拉動了出口型企業近十年的黃金成長；第二個要素是產業週期的紅利，換句話說，你所處的產業是在引入期、成長爆發期、成熟期還是衰退期？產業週期的不同，決定了該行業企業平均利潤率的高低，比如說從當前來看，家電行業和珠寶行業的利潤率差距就很大；第三個要素是企業能力的紅利，簡單講就是同一產業內不同的企業由於競爭力不同，所獲取的市場溢價（Premium Market）也存在差距，同樣是服裝產業，中國動向的利潤率就遠遠超過了李寧。

我們用一個簡單的公式表示就是：企業利潤區大小＝宏觀經濟紅利＋產業週期紅利＋企業能力紅利。

基於我們對利潤區構成的剖析，我們可以對照自身所在產業問自己：企業之所以陷入重圍、成長乏力，更多是因為本產業受到了宏觀經濟震盪的影響，還是整個產業告別了高速爆發階段？抑或是前面兩層因素變化並不大，是我們自身的市場競爭優勢在喪失？

我想不同的回答，會對企業產生根本性不同的「突圍」策略。如果我們經過系統的檢測，發現企業利潤區之所以萎縮，更多是來自宏觀經濟波動的影響，企業現在最需要做的是「有所為有所不為」，韜光養晦，檢視自身成本結構，透過流程再造（Process Reengineering）、組織結構精簡來減少支出；而如果更多的影響是來自產業週期，那就需要在不同的週期內發展出不同的應對策略。比如說處於引入期的企業，可以與競爭者共同開發市場，而成熟期的企業則需要培育自身的三層面價值鏈，即在擁有現金業務的同時，發展新的成長業務、種子業務，以對應不確定的明天；同樣，如果利潤區萎縮的要素，更多是來自競爭優勢的喪失，企業要深刻檢討的則是自身的業務模式、價值鏈的管理能力、客戶價值的提供能力，等等。

利潤區在萎縮，企業迷失成長的方向，我想第一步不是要思考怎麼突圍，而是要迅速召集管理層，思考利潤區是在哪個層面發生問題，謀定進而後動。

## 2．企業利潤區突圍全景路線圖

在管理層思考清楚利潤區為何萎縮之後，我們來探討企業如何進行利潤區突圍，如何尋找下一個企業成長點。

在這裡，我給出了企業利潤區擴張全景路線圖（見圖 1-1），一共有 8 條主成長方向，24 條成長驅動路徑。需要說明的是，本圖是對各類企業利潤成長路徑的集合，企業需要根據自身的狀況，尤其是資源擁有度進行選擇、組合。同時需要再次強調的是，企業做出路徑選擇時，需要結合自身利潤區萎縮的原因，也就是上文提到的：究竟是由於宏觀環境震盪造成的利潤區萎縮，還是由產業週期、企業競爭力造成的萎縮。沒有釐清利潤萎縮的根源，盲目使用路線圖中的一種或幾種的組合都會造成反效果。

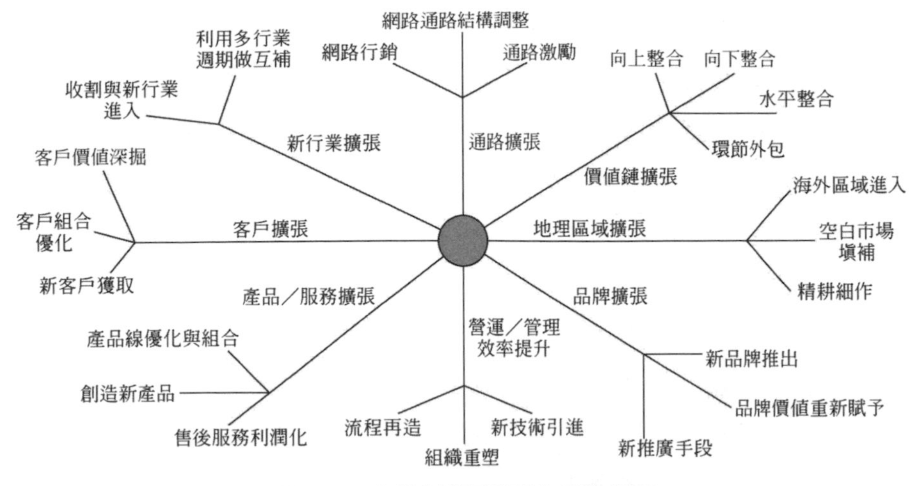


圖 1-1　企業利潤區擴張全景路徑圖

## ● 利潤區擴張路徑1：通路擴張

網路行銷是中小企業使用比較多的利潤擴張方式，透過基於網際網路創新的業務模式改變了行業的規則，透過消除經銷商、增加消費者可得價值（customer　delivered value）獲得了迅速的成長，無論是作為通路變革的方式還是通路互補的方式，網路行銷都承擔了重要的角色。通路結構調整和通路激勵也是擴張的重要方法。三星已經將自身較長的通路向扁平化發展，以增強自身面對市場的彈性；同樣，Giant 網路在網路遊戲市場快速崛起，使用的竟是保健品深度分銷的通路運作方式。

## ● 利潤區擴張路徑2：價值鏈擴張

價值鏈擴張有沿著價值鏈向上、向下、水平和外包四種整合方向。這裡所說的整合，並非指單純意義上參與到產業鏈的其他環節，更多強調的是一種掌控能力。價值鏈掌控能力薄弱，是中國企業當前存在的典型病症，尤其對於出口加工型企業來講，以前更多的是訂單經濟，在產業鏈中做好生產環節即可，而現在應該再滲入到價值鏈下游，掌握客戶更多的資訊，以快速應對市場變化。

### ● 利潤區擴張路徑3：地理區域擴張

如果企業現有的區域市場競爭強度增大，或者接近飽和，用地理區域的擴張來擴大利潤區是一種可以採用的方式，從地理區域擴張的方向來看，可以採取海外市場進入、空白市場填補和原有市場精耕三種策略。TCL 就是採取這類策略的典型企業，在中國家電行業成長日趨緩慢，競爭白熱化的時候，TCL 率先開闢了東南亞市場，透過區域市場的組合來擴大利潤區域。浙江大華是中國排名第二安全防護產品的製造商，而在安全防護產品競爭日趨激烈、新進入者日趨增多的情況下，也將市場視野放到了歐洲與印度市場。市場精耕也是地理區域擴張的重要方式之一，娃哈哈之所以在中國飲料界能抗敵跨國企業的衝擊，其在三線乃至農村市場的精耕細作功不可沒。

### ● 利潤擴張路徑4：品牌擴張

採取品牌擴張的企業，相對來講需要有能洞察消費者心理的能力，要從以前的重視產品管理轉換為注重客戶心理管理，這也是中國企業需要跨過的重要一關。為品牌賦予新的核心價值尤其重要，中國企業或產品品牌最典型的問題，在於核心價值集體缺失，無法形成消費者認知上的差異化，因而在競爭中難以凸顯出來，成為產品、價格意義上的紅海競爭。自絲寶、小護士被收購後，中國化妝品領域基本已被外資品牌所占領。有數據顯示，中國國內精品化妝品市場上，銷售份額 60% 被國外品牌壟斷，銷售額 90% 以上為外資所控制；然而在這種跨國品牌四面圍剿的形式下，佰草集卻定位在基於「漢方護膚」的品牌核心價值，在海內外護膚品牌中形成差異化。該品牌 2004 年開始爆發，已經成為中國最具價值的化妝品品牌之一，另外，在品牌傳播方式上，一些新的媒介手段也是可以採取的方式，比如說精準投放。

● **利潤擴張路徑5：產品/服務擴張**

產品 / 服務是企業獲取利潤的基本載體。一方面我們可以看到一個成功的新產品能挽救一個企業，正如 iPod 當年對於蘋果公司的重要性。因此，發現、識別、引導、培育和滿足客戶價值的能力越來越重要，尤其是企業對於消費者人性的洞察能力直接決定了產品的行銷力。我們也可以透過原有產品線的優化組合，提升企業抗擊競爭的能力，有防禦型產品專門應對競爭對手的攻擊，有利潤型產品做撇脂盈利（skim pricing），也有走量產型產品攻占市場占有率。除了上面提到的兩種策略之外，售後服務的利潤化也是一個明顯的盈利趨勢，售後市場開拓是當前企業利潤區擴張的重要方向，以宇通重工為例，該公司已經開始透過售後服務等後市場開發來一方面促進整機產品的銷售；另一方面透過配件的銷售來擴大企業的整體利潤區。

● **利潤擴張路徑6：客戶擴張**

客戶擴張是利潤區路徑中最傳統，同時也是最有效、最重要的路徑，因為所有的利潤區擴張路線，最後都要回歸到客戶層面來實現價值。就客戶擴張的具體方式來講，客戶組合優化、客戶價值深掘和新客戶獲取都是可以採取的路徑。客戶組合優化重點關注的是 20% 的有盈利價值的客戶，而客戶價值深掘更多是採用新的技術手段來管理客戶關係，並在此基礎上進行精準行銷，這一點對於客戶檔案相對完善的企業，如金融行業的企業來講尤其重要。我們可以透過客戶關係管理加上精確行銷的手段，進行有效的交叉銷售、交互滲透。

● **利潤擴張路徑7：新行業擴張**

在前面中我們已經談到過，決定一個企業盈利能力的要素既包括企業的競爭能力，同時盈利又受到產業週期和宏觀經濟環境的影響。因此，如果一個企業所處的行業處於衰退期。同時宏觀經濟對其產生了重大的負面影響，這個時候企業最需要考慮的已經不是怎麼維護客戶、怎麼強化品牌，而更應該考慮是不是要進入一個新的行業，去尋找一個相對豐厚的新產業利潤區。這個道理就像當年電腦磁片市場迅速被隨身碟市場替代一樣，企業需要有效識別產業所演進的軌跡。

● **利潤擴張路徑8：營運/管理效率提升**

營運 / 管理效率的提升本質上講就是向內利潤，在這個層面上，豐田的一些思想值得借鑑。按照豐田新成本主義的思維，利潤 = 成本－浪費，企業需要透過消除自身的浪費來擠壓出利潤，同時透過流程再造，刪除不產生增值價值的流程環節，並透過組織的重塑、精簡、扁平化來提升利潤率。當年萬科把自己未來的模式定義成了「製造產業」，也就是試圖透過房地產行業的模組化、流程化、可複製化來提升營運能力與效率。

## 3．確定適合自身路線方向

前面我們介紹了企業利潤區突圍的路徑圖，由於沒有限定特定的產業和企業，所以更多的是一種全景式的分析與呈現，企業必須結合自身行業的特點、資源的擁有度、領導人策略導向（是塑造未來、適應未來還是保存實力）來選擇具體的路線組合。

此外，我們依據資源耗費度和資源轉移的障礙度，即該項利潤區突破所需耗費的資源大小，以及企業現有資源對於該突圍路徑的支撐程度，來確定企業利潤區突破的難度（見圖 1-2）。根據我長年參與企業策略與變革方面的諮詢經驗，在各項利潤區突破路徑難度係數上，會呈現出下圖的特徵：新行業擴張、價值鏈擴張和品牌擴張，是相對來說難度係數較強的利潤區擴張策略，相應的對企業能力要求也較高。企業在選擇利潤區突圍路線圖的策略組合時，需要考慮到實現的難度和自身變革的決心。

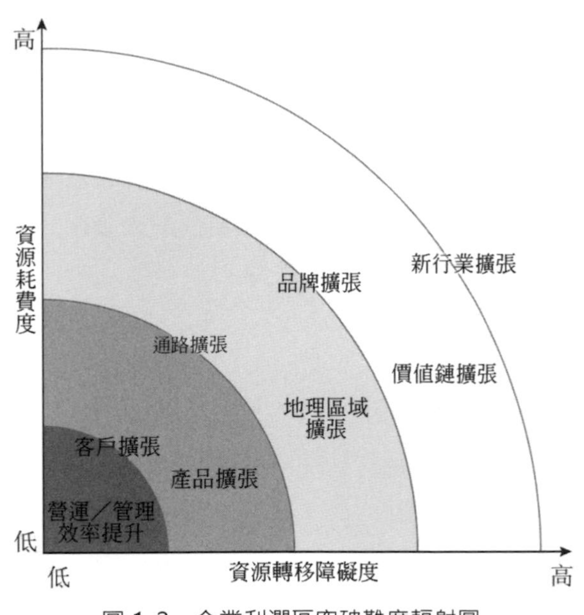


圖 1-2 企業利潤區突破難度輻射圖

## 4．利潤區獲取的底線

在回答了利潤區大小的來源、描述了利潤區突圍的全景路線圖之後，我想進一步追問一個更本源的問題：在震盪時代，企業利潤區獲取、企業利潤區維持的底線是什麼？企業究竟憑什麼底線生存？

還是回到科特勒對行銷策略基礎的揭示：基於客戶需求的成長，大道至簡，那就是「識別、培育、引導並創造性地滿足客戶的需求」，為客戶提供可感知的價值。如何獲取這個競爭能力？我覺得最關鍵的兩個策略詞彙是——深潛與想像力。

所謂「深潛」，就是要比以前更深入地靠近消費者，對目標顧客的定義越準確，研發制勝產品的能力越突出，顧客願意購買你的產品或服務的可能性就越高。捷藍航空透過聚焦客戶、改造產品，2012 年收入實現了 18.87% 的成長；企業還要成為「顧客擁有者」，貼近客戶，以減少成本，以客戶成長取代以前的市場擴張，這些都是在低迷時代「深潛」的策略。

而另一個詞彙——「想像力」，讓我們引用了西奧多·萊維特的原話——「實際上成長機遇不是沒有，而是管理者缺乏行銷想像力」，品牌、社會責任的建立、成功的併購、創新都是以「想像力」為基礎的。企業利潤區擴張的路徑也許有很多，但是動力之源、成長底線卻只有一個——那就是蘊藏在客戶群中生生不息，但永遠需要企業去發掘、並創造性滿足的需求！我想，這就是企業突圍的最終底線。

# 03
# 行銷策略 4.0，行銷的「變」與「不變」——對話菲利普· 科特勒

採訪人：科特勒諮詢集團合夥人，數位策略諮詢業務負責人王賽

地點：日本東京世界行銷高峰會（Kotler World Marketing Summit）

**王賽**：此次在東京科特勒世界行銷高峰會（Kotler World Marketing Summit）中，您提到了這五十年「行銷的演進」（Marketing Evolve），展示出行銷發展的策略圖譜，這個發言既是對過去五十年的回顧，也是對行銷趨勢的展望，尤其在發言中您談到數位技術對行銷的升級，但是正如研究政治史的托克維爾所講，未來總孕育在過去之中，作為行銷領域的奠基人，您認為這其中有何種本質性的脈絡貫穿？

**菲利普· 科特勒**：60 年前，我在麻省理工從經濟學轉入真實世界的行銷學。從我第一版《行銷管理》出版，已經超越了半個世紀。策略性的行銷思想在過去 50 年發生了巨大的變化，在這 50 年中，我既是理論集合與發展者，也是很多歐美公司的市場策略顧問，實踐與理論是個相互融合、促進的工作，我認為在行銷上，一直伴隨著經濟週期的特質給予不同策略思想上的供應，在不同的階段，都提出了重要的行銷理念，比如我們熟知的市場細分、目標市場選擇、定位、行銷組合 4Ps、服務行銷、行銷 ROI、客戶關係管理、品牌資產以及最近的社會化行銷、大數據行銷、行銷 3.0 乃至我這次提到的行銷 4.0。

作為企業高層視野的實踐導向來看，從策略性的行銷導向來分，可以將其分為產品導向、客戶導向、品牌導向、價值導向以及價值觀與共創導向。從行銷思想進化的路徑來看，行銷所扮演的策略功能越來越明顯，逐漸發展成為企業發展策略中最重要和核心的一環，即市場競爭策略，幫助建立持續的客戶基礎，建立差異化的競爭優勢，並實現盈利；其次，五十年來行銷發展的過程也是客戶逐漸價值前移的過程，客戶從過往被作為價值捕捉、實現銷售收入與利潤的對象，逐漸變成最重要的資產，和企業共創價值、形成交互型的品牌，並進一步將資產數據化，企業與消費者、客戶之間變成一個共生的整體。

策略中心性、客戶價值與消費者進行交互，這些都是行銷在企業策略中發展的最重要的主線。1990 年代，威爾許問我什麼是市場導向型公司，我說去問你各個部門的 CEO，他們做策略規劃的時候，更多考慮的是資本、內部營運，還是顧客的需求、客戶的忠誠度，今天亦如此，在市場外部環境不斷震盪的時候，你很難再靠押注一個好的行業去盈利，只有建立在客戶價值實現的盈利，才是持續性的成長。行銷的本質，在於創造卓越的客戶價值，在客戶價值的基礎上兌現公司價值，這是無論在傳統時代，還是在數位時代，都不會變化的東西，依據這個不變東西，才是真正的市場策略、市場導向型策略。

**王賽**：您這次系統提出了行銷 4.0，並即將與我們另外一位同事赫馬溫博士出版《行銷 4.0：從傳統到數位》。我記得 6 年前您提出行銷 3.0，同時您也來中國寶鋼、騰訊等企業演講，並給予諸多高管諮詢建議，當時我記得有部分企業覺得 3.0 太過於理想化，而 5 年過去了，時間、實踐可以來證實或證偽。從我的認識來看，數位策略轉型中至少有一個重心在於社群策略，而成就社群成功與否很重要一點，在於這個社群是否是基於價值觀來凝聚，我稱為「價值觀與價值同等重要」，只有這種社群，才能有忠誠度、才能變現回報與利潤，才能有效從我講的「關係」（Relationship）變現為「收入」（Return）。回過頭看，這真是行銷 3.0 的核心，價值觀的力量。那這次 4.0 的變化，是版本的微創新，還是思維模式的升級？

**菲利普·科特勒**：行銷 1.0 就是工業化時代以產品為中心的行銷，這些產品通常都比較初級，其生產目的就是滿足大眾市場需求，最典型的是 20 世紀初的福特；行銷 2.0 是以消費者為導向的行銷，其核心技術是資訊科技，企業向消費者訴求情感與形象，正如寶潔、聯合利華等快速消費品（Fast Moving Consumer Goods）企業，研發出幾千種不同等級的日用化工產品來滿足不同人的需求；行銷 3.0 就是合作性、文化性和精神性的行銷，也是價值驅動的行銷。如今，西方國家以及東亞部分國家已經進入了豐饒社會。在豐饒社會的情況下，馬斯洛需求理論的生理、安全、歸屬、尊重四層需求相對容易被滿足，於是客戶對於自我實現變成了一個很大的訴求，行銷 4.0 正是要解決這一問題。

隨著行動網路以及新的傳播技術的出現，客戶能夠更加容易地接觸到所需要產品和服務，也更加容易和與自己有相同需求的人進行交流，於是出現了社群媒體，出現了社群性客戶。企業將行銷的中心轉移到如何與消費者積極互動、尊重消費者作為「主體」的價值觀，讓消費者能更多參與行銷價值的創造。而在客戶與客戶、客戶與企業不斷交流的過程中，由於行動網路、物聯網所造成的「連結紅利」，大量的消費者行為、軌跡都留有痕跡，產生了大量的行為數據，我將其稱為「消費者位元化」，這些行為數據的背後實際上代表著無數與客戶接觸的連結點。如何洞察與滿足這些連結點所代表的需求，幫助客戶實現自我價值，就是行銷 4.0 所需要面對和解決的問題，它是以價值觀、連結、大數據、社區、新一代分析技術為基礎來造就，是一次思維的變革。

行銷 4.0 不是對行銷 3.0 的否定，正如行銷 3.0 不是對行銷 2.0 的否定一樣。我以前一直講，行銷是科學和藝術的融合。3.0 要讓你的行銷觸及消費者與利益相關者的心靈，4.0 要讓這種數位衝擊的軌跡可利用、可追溯，甚至實現行銷自動化。當然很有趣的一個問題，是人工智慧的興起，機器未來是否有靈魂，萬物互聯的世界中行銷是否無處不在，市場在推動市場行銷前進。今天，我們面臨「兩倍速」的世界，一個是實體世界，一個是虛擬的數位世界。還可以按照地域分，一個世界是美國與中國，行銷已經進入了 3.0 與 4.0，另一個是非洲、拉丁美洲與東南亞，他們雖然也被連結，但是行銷 1.0、2.0 的做法仍然有效。所有的理論，都是在漸進中形成的革命，但是需要將理論的背景放入不同的環境中解讀，以「使用的成果」而非「理性的先進」來判斷，這也是我的故友，管理學家與電腦專家赫伯特· 西蒙的觀點。

**王賽**：行銷 4.0 是否意味在行動網路下，數據行銷將會成為行銷最主流的思維與武器？數據、人工智慧可以吃掉傳統行銷嗎？會不會人工智慧 + 數據自動產生未來的行銷策略規劃？

**菲利普· 科特勒**：最近我在凱洛管理學院的同事穆罕索尼，組建了新的數位行銷研究中心，這個世界確實進入了一個「消費者位元化」的世界，由於連結留下的「痕跡」，使軌跡可以追蹤，並基於大量的數據建模、計算來預測消費者行為。此次我來日本東京，包括我即將訪問的一些網際網路巨頭公司，包括 Google、Facebook，都有很好的數據基礎，但這並不成為顛覆「傳統行銷」的核心。數據行銷會變成很好的營運工具，但行銷的核心——需求管理、利他、創造價值，這些不會變，我相信雲端運算、大數據、AI 能讓分析更有效、更快、更精準，但是它們未必能有「策略」的思維，未必能有「人的情感共鳴」的本能，所以我在行銷 4.0 中反覆提到「價值觀驅動」的重要性。在數據時代，一個企業的價值主張反而變得更重要，在連結時代有價值觀的企業才能真正形成自己的群落，讓企業與客戶共創價值實現。數據是冰冷的，行銷要在數據的基礎上直擊消費者的心靈，正如另一位已故的哈佛行銷學教授利維特所言：行銷更需要想像力。當然，數據行銷的能力非常重要，我的意思是，數據應該被策略思維所用，而不是替代。「人」的世界不可能全部被數位替代。所以回到我們討論的問題，我覺得大數據、深度學習、人工智慧這些介入行銷，改變的是行銷技術（Marketing Tech），不是行銷策略（Marketing Strategy）。

**王賽**：很多 CEO 和 CMO 言必稱「行銷理論被顛覆」，我經常和企業家開玩笑，如今這個時代還提「基業常青」會被譏笑為「不知魏晉」，在美國矽谷和中國，一批又一批人談「顛覆」，談「革命」，談「重新定義」，Google 的創始人也寫了本書《重新定義公司》，行銷也需要重新定義嗎？比如在中國有人提到「數位時代品牌已經稱為過去時」、「網際網路上的好產品已經替代定位」，這些您怎麼看？

**菲利普· 科特勒**：每年在全世界各個主要城市的大型行銷高峰會，都會討論這個問題。當數位化浪潮從引入期、高速發展期到了現在全面接受期，現在大家反而會過來討論行銷中「哪些沒有變」，數位時代沒有變化的是行銷的本質。數位技術是對行銷手段和行銷方法的升級，但是它沒有替代行銷的本質。至於有些關於「品牌已經稱為過去式」的言論，問題的核心在於他們如何看待品牌，是把品牌當作一個傳播管道，還是把品牌當作一項顧客價值的資產。若僅把品牌當作一種傳播管道和結果，這根本上歪曲了品牌策略的定義。我反而認為，由於數據和資源的無邊界流動，數位時代建設品牌的作用會更大，因為以品牌作為認知核心可以逐漸擴大疆域，成功進入不同的行業，這個是傳統時代所想像不到的。而談論「網際網路時代產品力比定位更強」，產品力和定位並非是兩個相斥的概念，定位讓產品的賣點聚焦，更有效地傳達價值。很多時候，我們提出一個新的觀點，其實問題的原因在於我們連原有的概念都沒有掌握。

還有一個問題是「重新定義行銷」，這一點沒有錯，重新定義行銷的什麼？關鍵需要具體化，從 4P 的維度來看，確實很多東西變了，比如以前產品研發最多做到客戶導向，如寶潔進入消費者的家庭，做沉浸式開發，現在數位連結的時代，這些都可以透過客戶交互式參與的方式來實施了，群眾募資、群眾推薦、群眾外包，MVP 精實創業，這些理念和實踐讓產品研發的方式都變化了，所以我也看到你新提出的數位行銷 4R 模式。但我想強調的是，數位時代中行銷應該更加活躍地扮演策略中心的角色，更具備策略意義，而不是被技術替代，被其他組織功能替代。

**王賽**：近來我參與很多 CMO 和 CEO 討論數位行銷轉型的峰會，讓我感到失望的是，這些論壇的發言大多聚焦在數位廣告領域，如 DSP 的投放，DMP 的搭建，CMO 負責的市場部似乎變成了一個 agency 的代言人，與我在美國參與的數位高峰會完全不同，我覺得這是對數位行銷、甚至是行銷本身的誤讀，這也是為什麼我以及一些合夥人出版《數位時代的行銷策略》一書的原因，作為行銷領域的奠基人，你怎麼看今天數位行銷領域討論的問題，是否過於狹隘，讓行銷變得太戰術？

**菲利普·科特勒**：你這個問題非常有意思，當然前面我們的對話中我也反覆談到行銷的策略功能作用。這裡面涉及一個如何從不同層面看行銷的問題。我給很多公司的 CEO 做顧問，發現企業實踐中，往往有四種類型的行銷：第一種稱為「IP Marketing」，這種公司的市場行銷策略只是圍繞一個 P 展開的，就是促銷或者傳播，這種公司中行銷功能就是管理廣告、公共關係，現在還包括管理社群媒體。這是低維度的行銷，不是行銷策略，更不是市場驅動的策略;第二種稱為「4P Marketing」，即 4P。產品、定價、通路、促銷都被市場行銷部分統一資源、統一決策來管理，這是第二種；第三種是「STP+4P Marketing」，即市場細分、目標選擇、定位，行銷變成識別公司成長機會、實現客戶價值與公司價值的手段與方法論，這種角色的行銷才是行銷策略、市場策略，策略的核心結果，市場是驅動成長的唯一因子；最後一種是「ME Marketing」，即「Marketing Everywhere-Marketing」，行銷驅動、市場驅動作為一種思維、動力、方法論到企業各個部門、各個職能，這是以市場為導向的策略。同樣的，回到我們的討論，我們與 CEO、CMO 討論的數位行銷，是哪個層面的數位行銷？數位廣告是第一層面的，它不是「大象」的全部，甚至最多算一個「象鼻子」。

行銷所扮演的角色，很多也取決於 CEO 看待行銷的方式，我每年到無數企業與 CEO 見面開會，有人把行銷策略作為公司成長驅動力的核心，有的只把行銷作為一種職能或戰術。但是這兩種觀念下實踐的結果是天壤之別，這一點從賈伯斯在蘋果的兩個時代的比較就可以看到差異，創新者和行銷者是不一樣的，創新者必須掌握可能「masters of possible」，行銷者則要掌握價值「master of values」。當創新團隊尋找到一個嶄新的、可能的創新機會時，未必意味著他要推向市場，這時需要他與行銷人員進行緊密合作，判斷什麼樣的產品、在什麼時間段適合推到什麼樣的市場。行銷策略能幫助科技企業兌現價值。至於說行銷的未來在哪，還是回歸到創造客戶價值，當然，創造客戶價值的同時，為股東和社會利益相關者創造商業價值。我的設想是，在策略越來越從行業選擇回歸到客戶價值創造的路徑上，行銷已經成為公司成長的第一驅動力，行銷的未來即市場導向型公司策略的未來。

**王賽**：這兩年還有一個巨大的改變，就是越來越多的 CMO 進入 CEO 的群體，您怎麼看這個問題，行銷人員與高管的機遇與挑戰在哪裡？從組織上、職能上講未來的行銷需要融入哪些角色？

**菲利普· 科特勒**：我以前講，最應該坐在 CEO 辦公室對面的就是 CMO。正如卡普蘭教授所說，財務的變現需要客戶基礎，行銷高管是客戶資源的中心。以前策略的核心在於行業選擇、CEO 關注公司要進入哪些行業、退出哪個行業，選擇一個好的戰場就相安無事了，這也是麥可· 波特關注的問題。但是現在的競爭更落實到微觀布局，如何為創造客戶價值，如何保留客戶、創造客戶忠誠，如何採取用戶思維來重塑客戶體驗，如何用品牌建立護城河，這些都變成了競爭的核心，市場行銷從一個職能變成一種思維，一種策略的核心發力點。我想這是 CMO 工作挑戰的第一層，當然也是機會，可是在企業層面，擁有這種思維和技能的 CMO 太少；另外一個，IT 和行銷開始融合，以前行銷和技術沒有充分地結合，現在從傳統走向數位的過程中，技術、資料採集、行銷思維要打通，而且必須在 CMO 層面打通，企業中行銷技術長、數位行銷長這些職位的設置，使相對應的人才炙手可熱，這些高管要既懂行銷，還必須懂得如何處理數據、應用數據、洞察數據，並了解如何應用新興科技將傳統行銷升級，這些都是 CMO 要面臨的挑戰，跨界的複合能力越來越關鍵。我曾經用過一個比喻：未來的行銷人員至少要有「2M」能力，即 Madison 和 MIT 的雙向能力，前者表示有麥迪遜大道的創新創意，後者則是 MIT 麻省理工運用科技、資料處理能力。

# 04
# 盯住你的行銷策略，而非商業策略

如果你特別關注「隱形冠軍」（細分行業領先企業）的行銷策略和商業策略，很有意思，會發現這些企業有一個共同特點，那就是：有明確專注的行銷策略（Marketing Strategy）而較少採用以行業整合和多元化為特點的「商業策略」（Business Strategy）。

在我繼續講述之前，想說明一下這兩種策略的差別：商業策略（Business Strategy）通常傾向於改變一個企業的經營組合以取得可觀的獲利水準，它的本質是使公司業務偏離它目前的核心事業，而轉向其他短期高盈利領域，從而使企業在新領域中更多獲利，或者讓在新領域中具有核心資質和資產的企業獲得新的資質。商業策略探討的是公司進行策略單位擴張，業務重組，提出新的投資組合。

市場行銷策略（Marketing Strategy）則有很大的不同。它通常傾向於改變一個公司的市場行銷組合而不是核心業務。它本質上是驅使公司透過更好地運用市場行銷策略戰術，提升企業的核心獲利能力和周邊業務。行銷策略探討的是公司行銷和銷售的組織框架，透過創新和增值滲透目標市場，以及公司行銷和銷售各個部分之間的聯繫。

我們認為從行銷角度看，中國市場競爭的總體趨勢是各個行業（我指的是競爭性行業）的行業集中度提高，較高的行業平均利潤和消費者忠誠度進一步提升。然而在實現的過程中，每一個中國企業都會面臨現實問題：出口市場利潤不斷減少，而中國市場競爭迫使價格持續下跌，通路力量日益強大，行銷和原料成本高升等。當利潤空間被擠壓，企業就會感到緊迫並轉入新的業務領域，如房地產、能源或者媒體以求獲得收益。很快，公司感到困惑，它在核心市場上失去信心並轉入其他行業，它不知道自己究竟應該置身於何種行業。因此企業求助於策略諮詢機構，這也解釋了為什麼全球主要的商業策略諮詢機構在中國如此活躍。

這種過程已經延續了10多年，每次公司的結局大都不盡如人意，看看多少企業由此倒下：十年前、五年前，甚至兩年前還威風八面信心萬丈的企業，你今天還能看到的有幾個？道理再明白不過：絕大多數企業陷入困境的根本原因並不是因為企業所在的行業出現問題或企業的業務焦點或結構有錯誤，而是因為缺乏良好的市場行銷和銷售、沒有最大發揮自己的核心業務的潛力。市場行銷策略和商業策略都有其正確的運用時間，企業應該對症下藥。

商業策略和行銷策略二者對於企業的生命週期都十分重要。但是當企業長期被各種問題困擾時，行銷策略通常成為第一道防線。如果新的行銷策略不起作用，就到了制定新的商業策略的時刻。問題在於，我們很多企業習慣於用馬推車，而不是拉車。他們先做最壞的打算，然後制定商業策略；然而，他們應該首先看自己的市場行銷是否一切正常，要對自己的行銷策略和行銷執行定期的「行銷稽核」（Marketing Audit）。但在大多數案例中都不是這樣，因為中國企業很少有真正意義上的市場行銷部門運用市場行銷的功能，讓我們來進一步詳細討論。

## 一、商業策略和行銷策略

商業策略通常包含四部分：①策略稽核；②對企業核心業務組合和能力的策略性選擇；③核心商業策略；④組織改變。

行銷策略通常也有四部分：①行銷稽核和市場趨勢；②對市場細分，目標市場、定位、價值訴求和品牌的策略性選擇；③產品線、分銷和銷售、促銷和定價的戰術計劃；④執行和評估。

商業策略稽核通常從利潤和資源的財務分析開始，隨後轉移到行業和競爭位置分析，換句話說，先分析金錢問題，然後連結到在行業中的普遍衰退。

與之不同的是，行銷稽核開始於根據細分市場進行市場份額分析，隨後延伸到不斷改變的顧客需求、偏好趨勢以及企業應對這些變化而進行的定位調整。換而言之，行銷策略始於顧客的困境和願望，然後連結到市場份額的下跌和顧客趨勢的改變。

請注意這些差別：當商業稽核完成後，企業則越過目前的核心事業而進入新的核心機會，這是商業模式上的改變。相對的，當市場的行銷稽核完成後，公司發現它在原有目標市場失去了一定的市場占有率和有利的定位，並在它的核心事業中發現新的目標細分市場。這樣做不必改變企業的核心業務，只需要改變行銷模式。

商業策略接下來在拯救當前核心業務的同時，進行未來核心業務組合的選擇。行銷策略，在另一方面，則是選擇具有吸引力的顧客群體，研究他們的需求和意願，來決定新產品的特徵和設計、顧客期望獲得的新途徑、對產品的感受、能接受的價格等。公司不一定要離開原有的行業和業務，只需要更注重顧客的需求。

商業策略隨後為新的核心業務組合提出長期策略（3 ～ 5 年）和戰術計劃。另外，行銷策略透過對消費者需求和願望的研究創新研發新產品、相關服務、新的分銷政策、改善的據點和銷售管理、新品牌發布和推廣及新的價格政策。這些是短期和近期的戰術行動（1 ～ 2 年）可以快速改善企業獲利能力。

商業策略隨後為新的長期業務組合進行重新構架。這是一個高成本和不可逆轉的過程。它需要新的長期的組織構架和運作流程。行銷執行則要求在當期行銷預算中，體現組織的改善和資源的投入。企業監控他們的行銷 ROI 並保持一定的彈性隨時調整行為。行銷的執行不需要進行大規模的組織性、流程性和財務資源的重新構架和分配。

為了讓理論變得簡單易懂，我在這裡大大簡化了商業策略和行銷策略的差別。還有很多細節我在這裡無法一一詳述。我感覺到大多數中國大公司都沒有真正理解這兩者的差別。他們過於沉迷於商業策略、整合、兼併、「利潤池」、「藍海」等時髦的新概念，而忽視了真正重要也易於操作的「行銷策略」：透過行銷計劃和高效執行來解決他們的問題。

讓我們看一些經典案例。Nike 和星巴克從第一天開始至今從未改變過它們的商業策略。Nike 從未生產過一隻鞋，而是一直投身於持續性的市場調查，以支持新品設計、推廣活動、分銷和定價。星巴克開始經營咖啡生意後，現在仍然在全球從事這項業務。透過持續的行銷策略和戰術運動——研發新品咖啡、選址經驗、高價策略，數位行銷而取得了驚人的利潤。

在另外一方面，Westinghouse 曾經是一個大型發電廠，曾經重組進入娛樂事業遭受失敗，迄今仍為企業的陰影。而具有諷刺意味的是，企業目前仍在用留存下來核心的核能發電技術；Bell&Howell 在策略性地轉移到防衛行業之前，曾經是一個大型的照相機企業；SONY 策略性地進軍娛樂事業則得到了事與願違的結果，那就是失去了它在電子技術行業中的領先位置。

如果說以上的例子太「經典」，而讓人覺得很遙遠，那麼我給大家舉兩個我親身經歷的案例：第一個例子是關於一個德國企業的。這個德國企業是我們的客戶，我們已經為該公司服務了八年多（我們八年來只為它做一件事情）。這個公司的核心業務是化妝品代工製造，這在很多中國企業家眼中絕對稱不上前端，是典型的「紅海」；可是，當我告訴你這家企業已經營運了 110 多年，而且 2010 年的銷售收入超過 14 億歐元，你會怎麼想？這家企業的成功因素有很多，但是最根本的原因是「專注可持續行銷，不斷提升客戶價值」。在 100 多年的歷史中，他們積累了巨大的客戶資產和客戶知識，在很多企業轉型的時候，他們卻堅持，並生意興隆。我們幫助這家公司改進了行銷組織、客戶管理系統，特別是建立了化妝品消費者趨勢競爭智慧系統，使這家公司甚至能夠先於其客戶感知消費者在化妝品使用行為和需求上的變化，進而及時與客戶協調產品變革。透過實施這些精細化的行銷策略和戰術，使該公司能夠在全球範圍內建立供應鏈管理系統，使該公司的生產成本大幅度下降，從而為其客戶創造了價值。

另外一個案例，是某個亞洲大型摩托車企業。該企業在面臨整個行業政策環境不利、行業成長放慢、競爭激烈、銷售和利潤持續下降的情況下，他們沒有按照聘請的策略諮詢公司的建議去涉足汽車業、金融租賃業、地產業，而是在我們的幫助下進行了行銷策略優化和變革：發掘新的潛在市場和消費者機會，提升產品的品質，豐富品牌內涵，順暢品牌—產品架構，優化和提升通路效率，加大零件業務投入，與歐美著名廠商合作等舉措，從而再度獲得成長。

特別要聲明的是：我並不是說企業維持原有業務不做改變就是明智的。別忘了，全錄和寶利來停留在影印機和相機領域而遭受失敗，美國一些汽車只生產小轎車和卡車也近乎失敗。但是這些公司，沒有像豐田和本田那樣，他們沒有真正關注研究顧客。一些巨型的美國汽車公司在幾十年中都沒能成為行銷巨人！更好的行銷策略也許會拯救他們。

我從不認為行銷策略總是好過商業策略，只是我們大多數中國公司甚至不嘗試使用行銷策略。行銷策略可以治癒企業的疾病，而不需要進行極端的、後果不明的大型業務重組。我希望在未來一年，中國企業家能真正關注系統的策略行銷，而不僅僅是大炒房地產、大開保險公司投機，或是經營幾個人唱歌、贊助幾個國際友人舉辦一個叫奧運的運動會，中國企業是時候給消費者創造真正價值了。

在此，我借用菲利普 · 科特勒博士的幾點提醒來結束本話題。

(1)「在沒有嘗試用行銷策略解決困境之前，不要一下子跳到商業策略中。」

(2)「新的商業策略也許看上去充滿希望，但沒有好的行銷策略它同樣會失敗。」

(3)「如果沒有好的行銷極力支持你的核心事業，那麼也沒有什麼能夠不斷拯救你的核心事業。」

# 05
# 低迷經濟中，征服八條成長之路

## 1．我們生活在雙軌世界：低 / 慢成長 VS 高 / 快成長

現在很多公司都發現自己正在雙軌制的世界經濟中運行，這與 2008 年之前的情況完全不同。那時候，世界上所有國家相互依存度日益增加，各國經濟也共同進退。顯而易見的是，在經濟成長方面，當今世界已經以不同的速度（快和慢）走向兩個完全不同的層面（高和低）。美國和歐盟已經面臨著經濟成長放緩放低的難題。這些國家的稅收將難以填補過去積累的巨額債務，更不用說為新產業提供支持了。美國經濟將難以提供與人口成長相匹配的新增就業機會，預計近幾年內，人口將由 3.13 億人成長到 3.42 億人。一些歐盟國家經濟已經進入衰退期，還有一些已經到了瀕臨衰退的邊緣。

如果經濟不能穩定成長，更多的政府預算將會被用於解決高失業問題，除了失業造成的經濟成長損失，還包括社會混亂、失業津貼補助、衛生保健費用等。

勞動力市場的結構配置失衡（如自動化操作，市場要求的有特殊技能人才，和勞動力市場供給人才的不匹配）和經濟週期原因（如經濟下行造成的對勞動力需求的減少，財政緊縮政策造成的職位減少和居民可支配收入的降低），失業問題還會持續一段時間。更讓人覺得困擾的是製造業和服務業自動化的快速發展，使對人力的要求越來越低。

美國和歐洲會尋找一些資金來應對逐漸惡化的經濟難題。他們可能會再印鈔票，比如量化寬鬆政策——但這將是一個存在通貨膨脹隱患的解決策略，尤其是在當下及未來幾年內低利率的情況下。還有一個辦法就是提高賦稅，但是這將抑制投資和居民消費。

這種脆弱的經濟局面會在已開發國家停住腳步嗎？還是會蔓延到經濟曾經強勢成長的發展中國家？

答案是不幸的，美國和歐洲的經濟已經將中國的經濟成長率從 10% 拖低至 8%，其他金磚國家（巴西、俄羅斯、印度）從 8% 降低到 5%。中東和非洲的高經濟成長率也降下來了。但是這些國家的經濟成長率還是比美國高 2%，比歐元區高 0.3%。

經濟成長的慢牛是希臘、葡萄牙、義大利、愛爾蘭和西班牙，他們幾乎毫無希望。另外還有德國、英國、法國和美國，他們掙扎著希望能夠實現 1% ～ 3% 的經濟成長。雖然金磚國家由於對於以上這些國家的出口大量減少，也經受著經濟成長放緩，但是他們國內的大量消費人口，使這個問題看起來沒有那麼可怕。出口減少，他們可以將注意力放到擴大內需上，因為他們的國內市場還沒有享受到高經濟成長帶來的紅利。比如說巴西可以發展東北部地區，而中國可以開發西部。這些國家可以靠認真規劃開發國內市場而保持經濟成長。

## 2．低成長經濟的商業應對策略

當政府部門決定將要達成的目標時，無論是發表緊縮政策或是刺激政策或者是兩者皆有，都無法預測經濟復甦的速度。消費者和企業都覺得未來充滿不確定性，所以抓緊錢包，這種情況只會讓經濟狀況變得更糟。甚至還有人擔憂會出現二次經濟衰退。

企業必須採取行動。他們不能等待政府制定或頒布相關政策。企業有兩個大的選擇方向：削減成本和調整策略。我們將分別對這兩種方向進行分析。

（1）削減開支。面對需求減少的難題，企業會採取很多辦法來削減成本，比如說裁員、與供應商討價還價，都是為了保持他們的單位利潤率。誠然，這樣做會引起他們的供應商也來削減成本、裁員，和上一級供應商討價還價。這引起了連鎖反應，供應鏈末端的節省開支策略，觸發了整個供應鏈的節省開支計劃。情況會變得更糟。最終結果是，雖然價格和成本一起降低，消費者還是猶豫到底要不要買——因為他們總是在期待價格變得更低。

（2）策略調整。對於每個公司來說，策略調整比單純降低成本理性得多。一些公司相信危機是喬裝起來的機會，浪費它會十分可惜。事實上，一個產業甚至是一個國家的危機，是提供市場份額的最好機會。在平常，競爭對手資金充足、防禦完備，很難從他們那裡贏得市場份額；而在不景氣的經濟環境下，很多公司很難從銀行獲得充足的資金，而從其他管道借錢的成本也增加了，再加上面臨關鍵職位員工離職、庫存堆積如山等難題，這是擁有充足資金的公司擴張的好時機——人才成本低、購買其他公司庫存的成本也較低，甚至有機會收購競爭對手。比如說，在最近的蕭條環境中，很多航空公司削減成本，而捷藍航空準備購置 70 架新飛機及數十億美元的預算來保證它的擴張。

調整策略有很多方式，但是必須先明確以下幾個問題。

（1）我們的系統是否機構臃腫？如果答案肯定，那麼行動吧。但是一定要小心，不要傷到組織肌肉。

（2）這個市場是否無利可圖了？如果是這樣，將資金投入更豐厚的市場吧。

（3）這個區域是否沒有發展空間了？如果這樣，將資金轉移到別的地區吧。

（4）是否有些產品和服務在虧損？如果這樣，將資金轉移到更有前景的產品和服務上去吧。

（5）是否我們服務的一些客戶讓我們虧錢？如果這樣，果斷放棄，讓他們去榨取別的公司吧。

(6) 我們是否有效利用了中國國內和國際市場上的勞動力成本優勢，以提高我們的價格競爭優勢？

認真思考以上問題能夠幫助我們調整策略並好好利用危機，而不是成為危機的受害者。

企業該怎樣在低成長的經濟環境中制訂成長計劃呢？在這裡我們討論的成長並不是不論代價的野蠻成長。當我們討論企業的成長目標時，我們指的是「有利潤的成長」——即使短期看不到利潤，也是長期利潤的成長。我們應該加入一個很重要的形容詞，那就是「可持續的」。這就意味著，我們應該與合作夥伴共同成長，並致力於讓我們的星球有更潔淨的空氣、水和其他自然資源。

實現穩定成長最重要的一個方面就是要有清晰的目標，而且要保證所有的股東對實現這個目標充滿熱情。可能這個目標在戰爭年代會更加清晰，我們要保證在和平年代也有清晰的目標。這個目標可以是成為某行業進步的重要經濟引擎。比如，立志於成為全世界第一的醫院，一定會堅持學習醫學領域新發現和其他醫院的優秀做法。

很顯然，很多公司可以在危機中找到聰明的捷徑；而其他公司不得不靠削減成本來生存。不幸的是，削減成本包括降薪，從而將更多的人推向失業的隊伍；降低價格意味著降低利潤，會讓公司面對強大對手的時候競爭力更弱；競爭力減弱意味著很可能被他們的競爭對手低價併購或者在清算過程中消失。

## 3 · 9 個大趨勢會對 2022 年以前的經濟成長產生重大影響

(1) 全球經濟力量和財富的重新分配。

自 15 世紀以來，西方世界包括英國、荷蘭、西班牙、葡萄牙等國家透過殖民擴張成為經濟的主導力量。美國從 19 世紀主導世界經濟，更多是透過本土力量的發展，而今美國債務問題嚴重，衰退跡象開始顯現。經濟力量最初曾轉向日本，然後因為石油轉向中東，轉向亞洲「四小龍」，現在主要轉向了中國和印度。

財富聚集的趨勢也值得注意。很多新的百萬、億萬富翁來自新興國家。這是一個好消息，意味著在這些國家有充足的資金等待著被利用，但是值得注意的是，這裡居民的購買力還很低，這就意味著，他們的消費也依然很低。

這個趨勢對象 LV、愛馬仕、Gucci、勞力士等精品公司很重要。這些公司在中國、巴西、印度、俄羅斯、墨西哥等國家開了很多專賣店，成長迅速。財富的成長也吸引了如美國四季酒店等豪華酒店、私人飛機公司、遊艇公司等在這裡尋找商機。

（2）策略關注點從全球轉向區域，區域轉向當地。

當面臨巨大機遇的時候，公司傾向於先在重要城市設立據點。像麥當勞、星巴克等連鎖機構，先從歐洲主要城市開店，然後滲透到二級城市。一個叫 HSM 巴西的經理人培訓公司，一開始在聖保羅和里約熱內盧開展培訓項目，現在將業務擴展到不太知名的城市，比如說福塔雷薩（Fortaleza）、雷西非（Recife）。

（3）城市化和基礎設施建設的需求。

城市化建設依然在持續：曾經低於 1000 萬人的城市比如上海、北京、孟買、聖保羅、墨西哥城等已經接近或超過了 2000 萬人。新城市持續出現：中國計劃新建數座新城以吸收新增人口和限制現有巨型城市的擴大。城市建設需要道路、電力、建築、水利、衛生設施等，這些工程會提供就業機會。跨國公司卡特彼勒、通用、墨西哥水泥及一些中國公司，將會因為為這些新城市提供服務和產品而獲利。

（4）新科技帶來的新機遇。

機會從來都不會稀缺。世界被舊問題困擾——包括貧困、缺水、空氣和水汙染、氣候變暖等，急需解決方案。公司和消費者有許多功能上或精神上的需求急需被滿足。新科技應運而生——生命科技、個人醫療、功能食品、新能源、奈米技術，這些領域都等待著被開發、升級。新科技公司如 Google、Facebook、蘋果、亞馬遜等，透過為全世界提供服務而發展壯大。

(5) 綠色經濟的加速發展。

資源緊缺和汙染提供了很多新的機遇。通用電氣 CEO 傑夫· 伊梅特啟動了一個項目叫做「生態想像」，這個項目透過解決全球面臨的問題來盈利。通用在新能源利用方面投資了太陽能電池、風力渦輪機等。沃爾瑪也在這方面做了工作，他們用高效能的新型運輸工具，替換掉了之前耗油的卡車，節省了 50% 的汽油。汽車公司也在加速研發混合動力或電力車。

(6) 快速變化的社會價值取向。

我們再也不會生存在一個單一的社會。現在的社會有更多的「部落」。馬克· 佩恩和金妮· 扎萊納在他們的書《小趨勢》一書中描述了具有特別需求的 75 個微群體，從而提醒企業家新的商業機遇。想一下以下的群體：獨身女家庭主婦、新婚夫婦、退休人士、自由工作者、小說家、拉丁美洲新教徒、開車上班族。每個群體都有特殊的需求。比如說越來越多的可以在家工作的自由職業者，他們需要在家裡有一個工作的空間、文具、通訊設備，精確的針對這個群體進行市場調查，了解他們的需求。每個微群體都是一個可能的商業機遇。

這個現象也讓格雷格· 維丁諾研究出一套專門服務微群體的方法。2010 年，他寫了一本書，名為《微市場：從小思考小行動中獲得大收益》。維丁諾探索了小企業家怎樣用病毒傳播的市場策略將產品銷售給微群體。他的點子是僱用社群媒體的人，透過他們達到病毒傳播新產品和新服務的目的。Yelp（美國最大點評網站）很成功地為餐廳、商場等打分，使當地消費者團購當地餐廳或服務。

(7) 私營和公有經濟合作的加強。

私營經濟和代表政府投資行為的公有企業一直在浪費時間吵鬧。一群人堅持政府應該只花錢在國防、公共安全及基礎設施建設等方面；另外一群人覺得政府應該做更廣泛的投資，包括基礎設施建設、教育、社會衛生福利、文化建設等。不管觀點如何，毫無疑問，公私經濟需要有更多層面的合作、減少鬥爭。

(8) 客戶權利和資訊革命。

數位革命改變了銷售者、中間商和消費者之間的權利關係。

今天，幾乎每個人在買車之前都會搜尋一下Facebook或者汽車網站，看看他們的朋友或者其他網友怎麼評價車的性能、最實在的價格等。消費者的權利更多了，真正到了消費者為王的時代。消費者和賣家之間的資訊對稱，這最終將會導致一個結果，那就是品質低下的公司會迅速倒閉。長壽的公司將會是真正了解目標需求，並做出傑出工作來滿足需求的公司。

(9) 白熱化競爭和顛覆性創新。

幾乎所有的公司都需要重新考慮用數位化方式呈現自己。正如柯達在數位相機為王的時代走向破產；實體商場不得不向電子商務出讓市場份額。每個公司都必須適應這個創新的時代。也許你可以忽視現有的競爭對手，但是一定要警惕可能從某個車庫中冒出的新競爭對手——他們可能創造出更低成本、更高品質的東西。

## 4・8個策略贏得持續成長

即使被低迷經濟困住的公司，也能夠從以下這8個策略中找到突破。我們將這8個方法命名為「成長經濟學」。但是，首先我們必須清楚一個概念：成長從本質上並不是一個終極目標。有很多方式能夠使一個公司發展。可以透過簡單降低成本或忍受虧損。可以突然爆發也可以是持續系統地成長。我們要區分有計劃地成長和偶然的成長。

我們志在達到兩個目標：盈利和可持續。盈利不僅僅是短期盈利，重要的是長期盈利。有時公司需要為了獲得更長遠的和更高的收益做深度投資，來忍受暫時的低利潤。可持續意味著，公司需要同時滿足股東的利益、社區及社會的長期利益。一個快速擴張，但是遺留空氣、水、土地汙染問題的公司，對自然資源造成損害，最終會傷害所有公司的長期利益。

以下是應用這 8 種方式的評估方法。

在理想情況下，你的公司應用了這 8 種方式，哪一種贏得了最好的收益？或者，你們公司已經應用了這 8 種方式中的一些，而有一些並沒有實施。將注意力放在沒有應用的幾條，並為之制訂可行方案。又或者，你了解到你的公司與競爭對手相比，在這 8 個方面做得很一般。就需要判斷應該從哪個方面著手，能夠獲得最好的前期收效，從而能夠將一個表現一般的公司打造成一個卓越的公司。

(1) 提高市場份額。怎樣才能超越競爭對手，提高市場占有率？

(2) 發展忠實的顧客和股東。你的公司怎樣才能培養忠實的客戶並發展可靠的合作夥伴？

(3) 建立強大的品牌。你的公司怎樣去設計和建立一個強大的品牌，從而為策略和行動提供平台支持？

(4) 創新產品、服務和客戶體驗。你的公司如何去培養創新文化，創造新的產品和體驗？

(5) 國際化擴張。怎樣才能成功判斷並進入高速成長的國際微觀和宏觀市場？

(6) 併購和結盟。你的公司怎樣判斷好的合作夥伴，並透過併購、建立合資企業、結盟等方式達到成長？

(7) 建立卓越的企業社會責任聲譽。怎樣透過承擔社會責任來贏取股東和消費者的支持？

(8) 與政府及非政府組織合作。怎樣在與政府、非政府組織合作中找到機遇並更好地滿足大眾、社會及個體消費者的需求？

策略行銷理論在這 8 種方式中起了主導作用。行銷是以消費者為中心的，消費者是消費和提供就業機會的關鍵。成功應用以上 8 種方式，企業能夠在低迷經濟中成功找到出路。

# 06
# 咦，成長總監 CGO 的八項核心能力在這

自從可口可樂公司宣布取消 CMO，設置 CGO 開始，越來越多的公司開始設置成長總監 CGO 這個職位。的確，正如我在企業中擔任高管時感悟到的，當前策略規劃部變成了企業計劃經濟的核心部門，他們要嘛更多研究在「做什麼」，而不是「怎麼做」，要嘛乾脆弱化成一個投資部門或者計劃與管控部門，工作並不直接指向「成長」；另外，CMO 的情況可能更加尷尬，有人調侃說 CMO 的 M 應該從 Marketing 變成 Money user，行銷長其實就是「花錢總監」，他們管理了很多廣告、公關和市場研究預算，但是，缺乏策略整合能力，錢花了不少，但是指向策略成長沒有，說不清楚。

行銷應該作為一種市場成長策略，成為公司業務成長的核心引擎，這才是行銷的核心，這也才是菲利普 · 科特勒定義的行銷——創造卓越的客戶價值和公司價值。那 CMO 應該如何升級？如何才能變成 CGO ？依據我們多年用市場策略諮詢服務 CEO 的經驗，以下八大能力是 CGO 需要具備的。需要說明的是，關於企業的成長，可以從很多維度，比如財務上透過杜邦分析找出可以改善的空間，比如對業務流程進行重組，比如改變激勵模式並賦能於員工，但是聚焦到市場，我更認為 CMO 升級到 CGO 的核心在於「建立基於市場成長的策略」，我把這種 CGO 也叫「市場成長總監」，以區別他和其他公司金融和營運操作的不同。下面我說明這種市場成長總監的八項核心能力。

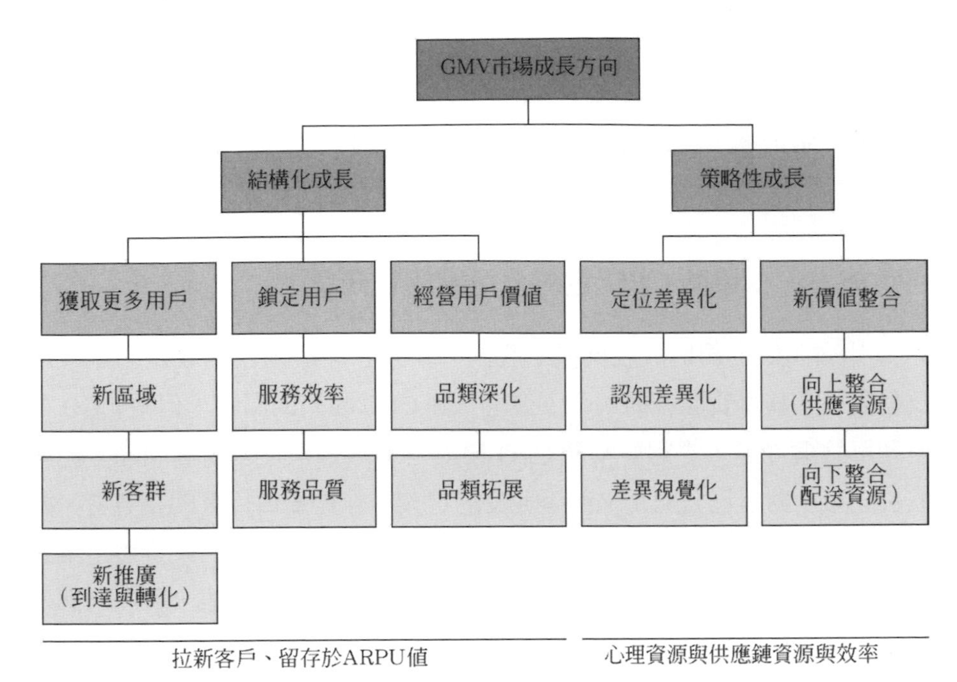


圖 1-3　GMV 市場成長圖

## 能力一：設計市場成長策略藍圖的能力

我替很多公司的 CEO 做顧問，發現目前 CMO 和 CEO 對接時候，極其缺少這種市場成長藍圖的構建能力。什麼叫市場成長策略藍圖？就是一張紙說清楚公司市場成長的來源、邏輯、結構對應關係。比如就具體到一個零售店來講，他的市場成長來源就比較簡單，成長來源在於新客戶的獲取能力，老客戶的維護能力，以及客戶錢包份額的擴展，基於這三項指標可以不斷再進行分解，形成一張整體的市場策略成長圖；再拿一家 O2O 網路公司為例，其核心目標是迅速提升 GMV，如果你是這個企業的 CGO，第一步你應該把基於市場成長可能的各項維度列出來，並透過構建這些維度的關係，形成成長地圖，如圖 1-3 所提到的「結構化成長」和「非結構化成長」，「結構化成長」還可以拆出多個維度，包括「獲取更多用戶」、「鎖定用戶」以及「經營用戶價值」，其中每個指標都可以再次拆解，不斷細化後，你才知道具體的市場工作，到底指向地圖中哪個維度，市場費用指向的目的是什麼，要達到什麼效果，這張市場成長地圖，就好比你整個戰爭的作戰地圖，缺失這個，則極容易「不審時則寬嚴皆誤」，這也是對 CMO 策略思維的挑戰。

## 能力二：協助 CEO 定義公司的成長向量

什麼叫做公司的成長向量？我們可以把它理解為公司成長的遠景以及對公司業務本質回答的集合，這是一個 CEO 面對的問題，但是 CGO 需要理解這個問題，更需要幫助 CEO 甚至是董事會來定義這個問題。比如成長向量上對自己公司未來競爭地位的定義，你是要做行業的領導者、顛覆者還是跟隨者，或者是利基者？以德國波恩萊茵河旁邊的大量製造業為例，它們成長的核心在於做強，在於傳承最好的製造業技能，所以這個地區很少有靠併購成長的大型企業，甚至很少有上市公司，這種公司被管理學家西蒙稱為「隱形冠軍」。而另一些企業不一樣，比如百度把自己定義成「人工智慧」公司，騰訊提出「連結一切」，這些對商業本質的定義，都直接決定了 CGO 應該規劃的成長方向和資源投入重點。

## 能力三：連結環境成長的爆發點

日本著名管理學家大前研一曾說，競爭策略的核心在於 3C（公司、客戶、競爭者）三者之間的博弈空間，而這三者之間的空間又受到競爭環境的影響。和以前不同的是，在當今數位化連結的時代，這種顛覆性的影響變得指數級擴大。CGO 要幫助 CEO 審時度勢，洞察行業變化的軌跡。行業變化的軌跡可以從兩個變量上做出界定，即核心資產有無受到威脅以及核心業務有無受到威脅。寶鋼洞察到自己核心資產——原有的寶鋼銷售通路，逐漸在被網路侵蝕，所以開始投資到新的網路平台進行鋼鐵交易；摩拜單車一夜之間興起，變成用戶在交通需求最後 1 ～ 3 公里的補充時，叫車軟體「滴滴」果斷參與，變成策略投資者。另外，更重要的是能獲取到「消費者位元化」後可以追溯到的數據，比如今天的收購和以前最大的不同是，原有的收購更多在資產的併購，現在可以透過交易數據去併購「趨勢」、併購「人群」、併購「品牌」，這些成長維度都是數位連結後帶來的新視角。

## 能力四：挖掘需求再生的成長機會

現在有一種說法叫做「需求已死」，和以前中國市場不一樣的是，現在進入了一個供給豐饒的消費社會，當需求已經被原有的廠商高度滿足時，應該如何成長？很重要的一個角度在於重新定義市場，重新定義你的消費者，重新定義你的價值主張。太陽馬戲團重新定義了馬戲團這樣一個沒落行業，透過馬戲團＋視覺演繹體驗重組整個價值曲線，菲利普 · 科特勒提到的「水平行銷」是一種系統的需求再生成長手段，變幻一個角度，可以得到無窮的成長空間。

## 能力五：構建客戶資產的槓桿性成長

客戶生命週期價值（Customer Lifetime Value）指的是每個購買者在未來可能為企業帶來的收益總和。對於大多數企業來說，他們主要的行銷策略就是要不斷地考慮，到底哪些客戶關係值得企業維持，哪些不值得。因此，需要對顧客數據進行更加精細地研究，更加精確地測量出顧客終生價值。例如，加拿大的 Sears 連鎖零售集團，在對顧客資料庫進行整理分類，研究消費者購買行為和購買潛力時發現：只透過郵寄目錄購物的消費者，平均每年的購買金額為 492 美元，只透過商場購買的消費者平均每年的購買金額為 1020 美元；而令他們吃驚的是，那些既透過郵寄目錄同時也親自前往商場採購的顧客，平均每年的購買金額為 1883 美元。這個發現使加拿大 Sears 的管理者決定調整他們的行銷策略，在所有連鎖店的入口、出口、顧客流通量比較大的地方和收銀台旁邊都擺放了精美的郵寄目錄和郵寄訂單。這個小小的舉動第一年就使公司的銷售額成長了 2.5 億美元。如果你是一個 B2B 企業，對客戶價值的管理就更重要了。

## 能力六：規劃品牌資產的全景成長

這裡談品牌成長是從 CGO 的層面來談，原有的企業 CMO 談品牌更多談到的是品牌價值管理，比如品牌定位如何定，品牌形象應該如何設計，品牌應該如何整合傳播等，但是 CGO 層面的視角可能不一樣，他既需要關注上面我們所談的品牌基本要素，還應該上升到「品牌資本家」的高度，對品牌資源進行重組，比如能否有效構建公司品牌（而非產品品牌），如何設計公司品牌的架構（如應該增加或減少幾個品牌，這些品牌和母品牌之間構建何種資產互映的關係），如何針對新的裂變需求構建新的品類品牌（如阿里從淘寶中分離出天貓），更往上走，還有基於品牌的併購、品牌融資、品牌延伸和品牌金融化。

## 能力七：改革供給側創新的成長

行銷有 4P，但真正落實到企業中，行銷部門可能連第一個 P（產品）都管理不了。這說明原有的行銷組織中，市場與研發完全脫節，行銷部門更多承擔了把研發出來的產品賣出去，甚至只是宣傳出去，這也是行銷缺乏策略化職能的症狀，這也是「市場驅動」和「驅動市場」的區別，行銷作為成長策略有沒有幫助企業改革供給側？有沒有透過水平行銷的思維，參與到企業產品 / 服務的設計中，構建跨界產品？有沒有透過真正精準化的定位策略，改革你的消費者人群的心理，讓產品能更好地進入？有沒有透過有效的市場調查和大資料分析，挖掘出消費者的痛點，將痛點融入產品，打造口碑產品？以成長的思維打造供給側，以市場為入口來改造產品供給，也是 CGO 重要的核心能力。

## 能力八：實現觸達（reach）與交易效率的提升

成長總監的核心是「成長」，所以要從策略全景看公司從產品 / 服務交付到客戶的過程中，哪個環節出現了問題，全面關注整個客戶生命週期。以最近現象級的案例百雀羚洗版的內容行銷為例，如果 CGO 判斷交易效率的問題是出現在「品牌知名度」，那這場戰役就打得很正確，180 萬元的投入換來超過 1 億的關注量；但是如果開始判斷的交易效率的問題不在於品牌的知名度，而在於知名度高，交易度低，那需要打通的環境可能就是電商的轉化率了。所以交易效率的提升和市場策略的目的是一脈相承的。

以上是 CMO 升級到 CGO 需要掌控的八項核心能力，換個方式來看，CGO 的核心在於成長，他整合了原有 CSO 的策略資源布局思維，整合了 CMO 對於消費者的深入洞察，整合了 CDO（資料長）對數據和網路的偏好，CGO 有宏觀判斷的能力，有微觀操盤的能力，可謂三頭六臂，當然，所有的一切，都必須指向成長，這確實是當今企業最需要設置的職位，也是科特勒諮詢幫助企業構建的核心價值。

# 07
# 行銷的本質：從霍爾拜因密碼到盲人摸象

一直以來，我比較喜歡一個價值觀，那就是「意思比意義更有意義」。試圖追問與回答「行銷的本質」（The Nature of Marketing）這樣似乎行之而上的問題。

這樣的追問，一方面是想對自己10多年來研究「行銷」（Marketing），對行銷的「第一推動力」問題的探索進行一個系統梳理，這是喜歡學問的人的一點點個人愛好（好比西方古希臘哲學家們對於世界「本體論」的一些愛好性的思索）；另一方面，也是看到當前市面上對於「行銷」（Marketing）概念的討論越來越多，紛繁複雜，真知很多，錯誤亦不少。我希望追問到本質，基於一個歷史與邏輯的視野，幫助更清晰也更為精準地理解現代行銷學。

## 1．從「霍爾拜因密碼」到「盲人摸象」

1904年，美國賓州大學首開「產品行銷」課程；1910年，美國威斯康辛大學開設「行銷方法」課程；1912年，哈佛大學學者J.E.哈格蒂（J.E.Hagerty）出版第一本《市場行銷學》。至此，行銷學作為學者專門研究的學問已逾百年。以行銷思想為指導的實踐活動開始得更早，彼得·杜拉克（Peter Ferdinand Drucker）認為，行銷實踐可以追溯到到16世紀的日本三井商人。三井物產（公元1650年），在經營中大膽地提出：商社要充當客戶的採購員；為客戶設計生產適合其需要的產品；保證客戶滿意否則可退還；為客戶提供多種產品；為客戶提供選擇的餘地。

然而，對於「行銷」這個概念的理解，卻經過了一個漫長的歷史歷程。最初以「生產觀念」和「產品觀念」為主流思想；繼而以「銷售觀念」為主流思想；「二戰」結束後，逐漸演變為「市場行銷觀念」；到 1970 年代，又提出了「社會市場行銷觀念」、「大行銷觀念」；2010 年，菲利普 · 科特勒（Philip Kotler）又升級出行銷的 3.0 版本——以人為本的行銷，推陳出新，使人應接不暇。

行銷（Marketing）到底是什麼？也許很多人覺得這是一個已經有定論的話題，不值得討論（當然也有大量的人冒出來說行銷就是 4 個 P，或者 4 個 C，這是典型的一葉障目不見泰山）。最初在美國，行銷的含義是：若干市場因素的各種結合從而影響市場供給，這些因素包括促銷、推銷，有組織的銷售活動。到了後來菲利普 · 科特勒教授 1967 年《行銷管理》（Marketing Management）一書的出版，他把行銷定義為：個人或組織透過生產和製造，並同別人或其他組織交換產品或服務，以滿足需求和慾望的一種社會和管理過程。從這以後，行銷就被定義成為需求管理的一種手段。

科特勒對行銷本質的揭示，直接影響了產業界對客戶需求的重視，他們開始承認並重視市場調查的作用，去傾聽客戶的聲音，從而推動商業社會良性的快速發展。在理論的推動下，寶潔、IBM、米其林等大量五百強企業開始實踐「以客戶需求為原點」的行銷管理，《經濟學人》（The Economist）也把「客戶需求導向」列為 20 世紀管理學界最重大的發現之一。

然而，我認為可以用更寬的視野來看「行銷」這個問題，讓我們可以打開一個歷史的縱深，揭示出更為全面的輪廓。

這幅《出訪英國宮廷的法國大使》（The Ambassadors）（見圖 1-4）是霍爾拜因（Holbain）在英國期間的代表作品，現藏於英國倫敦的國家畫廊。它也是西方畫史上第一幅雙人全身肖像。他們都有真人大小，左邊是法國 1533 年派駐英國的大使丁特維爾（Jean de Dinteville），右邊是特意前來看望他的朋友，身兼外交官、主教數職的塞爾維（Georges de Selve）。丁特維爾即將作為法國的代表去英國宮廷調解一場糾紛。

圖 1-4　《出訪英國宮廷的法國大使》圖

這是一幅看起來很平常的油畫，可是在這幅畫裡霍爾拜因卻暗示了大使丁特維爾即將到英國所面臨的命運。當然，如果你只是直觀地去看這幅畫，是難以發現其玄機所在。初看上去，這幅作品不過是描繪了兩個頗有情調的宮廷人，架子上的陳列也都華美精緻，倒是二人腳下那根斜放的「棒子」讓人有些摸不著頭腦。這個棒子表面看起來是再平常不過的法國麵包（法文：Baguette，又名法棍、魔杖），這種麵包是法國獨有的，在法國人心中甚至可以作為國家的象徵之一。然而當你先把圖片拿近，放在眼底仔細觀看，再拿遠看，在百思不得其解的時候，碰巧，這時你的頭偏向了右側，好像有一種什麼形象浮現了。沒錯，那是一個頭骨的骷髏！畫家運用了足夠的技巧，使骷髏有些變形，而只有當觀眾從右邊低處的某一點看去，這種變形才能得到恰當的修正。霍爾拜因用巧妙的方法暗示出主角所面臨的命運。

除了霍爾拜因之外，西方很多畫家如達文西的很多作品也是暗藏玄機，以至於前幾年時間出現了「達文西密碼」的熱潮，相對應的中國也有宋代的大畫家范寬，因為這裡畢竟不是談藝術，故我們不一一細數。說這麼多，我想表達的一個核心意思是：只有多角度的看待一個問題，才能跳出問題的本身，識得「廬山真面目」，也才能看到問題的複雜與視角的精彩。

在研究策略理論的過程中，我最偏愛的是明茲伯格（Henry Mintzberg）教授的《策略歷程：縱覽策略管理學派》（The Guide Tour Through The Wilds of Strategy Management）。明茲伯格被稱為「管理學界的離經叛道者」，在《策略歷程：縱覽策略管理學派》這本書中，他並沒有給「策略」一個明確的定義，而是把策略理論歸結為十個學派，並一一點評。他認為，簡單的從一個側面或者說角度來解釋「策略」就好比是盲人摸象，摸到象鼻子的人說大象是一根繩子，摸到耳朵的人說大象是一把扇子，摸到象腿的人說大象是一棵樹，摸到尾巴的人說大象是一條蛇，摸到象身的人說大象是一堵牆……

現在，我也試圖模仿明茲伯格教授的方法，對「行銷」進行重新思考與解構。當然在這之前我先作一個說明，以下我所分類和歸納多種「行銷本質論」或者說「行銷說」其實並不相斥，他們具有內在的互補性，甚至在很多地方有重合的部分。但我之所以要把他們分開是為了強調他們各自的特性，強調不同學派對於行銷的源頭，對於何謂行銷「第一推動」的思索，以及基於這種特性我們能夠構建出何種行銷策略。

同時也要指出，這種分類是基於行銷的策略意義來分。至於市面的一些說法，如「行銷即傳播」、「即廣告」、「即銷售」等這些的觀點和分類是不能納入這個視野的，因為它只在說明行銷所承擔的一些具體且並不全面的職能，並沒有上升到「行銷」的系統層面對本質作出一個完善的表達。因此，所謂的「行銷即傳播」、「行銷即銷售」等這些並不能算作行銷學派，並不能將其歸結於我下面將指出的「某某學說」。它要嘛是某一歷史時期的人由於時代限制對行銷所作出的狹隘判斷，要嘛是當今江湖上的一些「術士」販賣其獨特「膏藥」的宣傳口號。

在西方行銷思想史上，曾有四種不同的學派占據主導地位，它們分別是產品學派、機構學派、職能學派和管理學派，而這裡我並沒有把它們作為分類的方法，也沒有把它們歸入我所認可的行銷學派中，雖然他們的確是基於歷史發展的角度對行銷做出了一個有效的描述與勾勒，但是，它們並沒有終究揭示出行銷的本質是什麼，行銷的策略和手段究竟是為了解決什麼。

過去的管理學界、行銷學界做了過多關於「構建」的事情，不停地去構建系統、構建理論、構建工具。我常常開玩笑地講，目前的管理學理論和工具也嚴格遵循了「摩爾定律」，不斷定時翻新，讓大家學來不及學。然而我們又很遺憾地看到，這些以「構建」為出發點的工作很大程度上造成了思想和靈魂的流失，人們亦步亦趨地緊追管理潮流，而忘記了對事物本質、根源的探討，到最後達成了一個讓人尷尬的結局：理論要嘛被神話，要嘛被妖魔化。

行銷理論需要解構，需要從本質上去解構。解構主義思潮 1960 年代緣起於法國，其領袖人物雅克· 德希達（J.Jacques Derrida）認為：「一個問題不可以一次性、終極性地解決，而只能是分步走，分時間、分空間、分不同的角度來解決。」解構的本身並不想要摧毀，而是一個重建與深度認知的過程。這裡試圖想做的只是能夠一方面多視野的去看待「行銷」，盡力地去勾勒出它的一個暫時性的全貌；另一方面對這個全貌的每一側面進行批判性的分析與吸收。這是一個解構的過程，同時也是另一種建構。

現在，就讓我們解構「行銷本質」，蒙上眼睛，一步步去摸「行銷」這頭大象。我思故我在。

## 2．行銷：流通說

「行銷的本質是什麼……？」

「嗯，行銷不過就是產業社會打通流通領域，使得大生產有效對接大消費的工具吧。」

美國市場行銷協會（AMA）曾在 1960 年，把行銷定義為是「引導貨物和勞務從生產者流向消費者或用戶所進行的一切業務活動」。早期的美國學者弗萊德·克拉克（Fred.E.Clark）認為：市場行銷就是為促使商品所有權轉移和實體分銷所做的努力。

專業化和勞動分工造成了不同的企業，以及這些企業所提供的不同的供應能力。然而從這些供應能力的對接方——也就是從消費者或者組織購買者來看，無論是在空間上還是在時間上都與供應商分離，這種分離性也就構成了企業產品 / 服務價值實現的障礙，如果不打通這個障礙，企業的產品自然會變成廢品一堆。而從作為「流通本質」的行銷來講，它的目的正是為了消除這種銷售障礙，行銷是產業社會打通生產—流通—消費三大領域的重要工具與手段。

E. 傑羅姆·麥卡錫（E.Jerome McCarthy）曾指出，這種障礙主要是基於「時間」以及「空間」的分離性而造成，它把這種障礙總結為「生產部門」與「消費部門」的兩個「不一致」和五個「分歧」。對於生產部門來講，專業化和勞動分工造成了它不同的供應能力；對於消費部門來講，他們對滿足需要的慾望和形式，任務，地點和獲得效用有不同的要求。這「兩個不一致」與「五個分歧」分別如下：

- **數量的不一致：生產者喜歡大量的生產與消費，消費者則偏好少量的購買與消費；**
- **種類的不一致：生產者專業化生產，種類較少的商品和服務，消費者則需要更多的商品和服務；**

- **空間的分歧：生產者傾向於在生產經濟型的地方設廠，而消費者則位於很多分散的地點；**
- **時間的分歧：在製造商品和服務的時候，消費者可能不想消費，而且把商品從生產者運送到消費者所在地需要時間；**
- **資訊的分歧：生產者不知何人在何時何地以何種價格購買何種商品，消費者並不知道何時何地以何種價格獲得何種物品；**
- **價值的分歧：生產者以成本和競爭價格衡量商品與服務的價值，消費者以經濟效用和支付能力衡量價值；**
- **所有權的分歧：生產者擁有對他們自己並不想消費的商品和服務的所有權，消費者想要他們並未擁有的產品和服務。**

亨利福特的「T」型車於 1908 年 10 月 1 日推出，取得了巨大的成功，這是一個典型的對接大規模生產與消費的案例。當今的行銷學經常說把福特「T」型車的經營手法稱為「生產觀念」，這種說法是失之偏頗的，因為這樣的判斷沒有基於歷史背景來考慮問題。在 20 世紀初的美國社會，汽車成為一種奢侈品，因為它的價格非常貴，使一般人無能力消費，這種消費者的低購買能力限制了企業的擴張能力。因此企業要處理的核心問題，是如何解除生產到消費之間的這種障礙，如果這種障礙得以解除，消費能力將會很大釋放，從而反向拉動生產，構成產業鏈的整體效率。

福特在芝加哥參觀過屠宰業流水線，並產生了流水作業方式的構想。在汽車工業的發展史上，證明了福特的這種大規模流水裝配線帶來了工業生產方式的革命性轉變，掀起了世界範圍內具有歷史進步性的「批量生產」的產業革命。「T」型車於 1908 年 10 月 1 日推出，很快就令千百萬美國人著迷，最初售價 850 美元，而隨著設計和生產的不斷改進，最終降到了 260 美元。到了 1921 年，T 型車的產量已占世界汽車總產量的 56.6%，是全世界第一輛普通百姓買得起的汽車。在「T」型車出產的第一年，產量達到 10660 輛，創下了汽車行業的紀錄。至 1927 年夏天「T」型車成為歷史，共售出一千五百多萬輛。福特以批量生產的手法，釋放出消費者的消費能力，解決了這種大生產對接大消費的障礙，而後形成了一個「低價格—很多的消費者—規模經濟—提高收益—低價格—更多的消費者」的有效循環。這種經營思想是以刺激消費為基礎，它在汽車行業的當時的歷史背景下打通了銷售障礙的關鍵。怎麼可以簡單地就被歸為「生產觀念」？

行銷「流通說」的策略關鍵，在於提高這種從生產到消費對接的系統效率。基於行銷的「流通說」，我們來考慮企業的行銷策略的時候非常關鍵的一環，就是如何使生產者的產品或者服務能夠高效率貫穿生產領域，流通領域以及消費領域。企業的廣告推動，實體店的攔截和促銷，都是為了讓自己的這個對接過程更為有效率，同時減緩甚至阻止對手對接。

「流通說」最深刻的道理在於：企業不能靜止地停留在客戶層面或者企業自己的層面來思考問題，而要系統地將兩者打通，求得一個價值鏈層面上的雙贏。某種意義上講，「流通說」的流通並不是單純指的是產品銷售時那驚險的一躍，它已經形成價值鏈視野的經營方式雛形。

我們可以看到，當今市場上很多企業以為把貨補到了超市或者實體店零售點，就以為達成了銷售，其實按照行銷「流通說」的思想來講，它只經過了流通意義上的生產領域和流通領域，並沒有和消費者進行有效對接，這種狀況是非常危險的（10 多年前長虹在彩色電視大戰中就曾這樣崩盤）。從策略上講，如何流通與流通速度成為行銷的關鍵。「如何流通」是行銷組合解決的問題，而「流通速度」是行銷效率管理解決的問題。對於行銷效率的管理，我曾提出過「微笑曲線模型」，應該關注六大核心效率（資訊價值傳遞效率、交易過程效率、產品 / 服務交付效率、售後服務效率、客戶忠誠度管理效率和銷售績效效率），有興趣者可以去找原文來看。

### 3．行銷：需求管理說

「行銷的本質是什麼？」

「需求管理。」

我曾當面讓菲利普．科特勒用一個詞精準定義行銷，他給出的詞語就是「Demand management」，即「需求管理」。

菲利普．科特勒曾把行銷定義為：「識別目前尚未滿足的需要與慾望，估量和確定需要量的大小，選擇和決定企業能最好的為它服務的目標市場，並且決定適當的產品、勞務和計劃，以便為目標市場服務。」說穿了，這個界面上的行銷就是在討論如何進行「需求管理」。

為什麼說「需求管理」是市場行銷的本質？這裡我們必須回歸到企業利潤的來源在哪裡。以經濟學的觀點來看，市場是交換關係的總和。而從行銷學的角度來看市場，它是由購買者、購買力和購買動機組成的。市場大小的估量在於目標購買群體的多少，這個購買群體的單次平均購買量以及購買頻率，而以上這些要素所構成市場的前提還是客戶需求的存在。「需求管理說」認為，需求管理的核心是作為「較少彈性」的企業對「不斷變化」的市場的根源——需求的不確定性進行有效控制和導引。市場機會就在於未被充分滿足的需求（包括反需求）和一切需求之間的失衡狀況，而行銷管理的主要任務是刺激、創造、適應及影響消費者的需求。

「需求管理說」應該是當今行銷界最占主導地位、影響最長久也最大，其體系也構建得最為完善的一門學說。它之所以占據行銷學說的絕對主流地位，其關鍵不僅在於其主張客戶導向根本上抓住了企業利潤的來原點；另外，也因為「需求管理說」也是眾多行銷思想流派中體系構建最為完善，最為系統的學說，這種系統性也造成了它的可接受性。

從結構上講，「需求管理說」的策略體系，雖然不同的學者有不同的看法，但大致都是從環境分析開始（包括政治、經濟、文化、科技到產業分析、競爭對手分析）到消費者分析，然後進行所謂的 STP 策略（即市場細分、目標市場選擇到市場定位）。在找到了自己獨特的細分市場和發展出適當的定位之後，來設計行銷戰術組合。這種戰術組合被 E. 傑羅姆· 麥卡錫（E.Jerome McCarthy）在他的 1960 年出版《基礎行銷學》（Basic Marketing）一書中，歸結為 4P（Product、Price、Place、Promotion）。之後，科特勒在 4P 的基礎上不斷發展，提出過 6P 以及 10P 策略。

但不管是 4P、6P 還是 10P，本質上都是在研究如何有效管理「客戶需求」，這是不管 P 怎麼變，背後不變的是功能指向和要義。

「需求管理說」的策略體系漸漸的成熟和完善，並指導著無數計企業行銷管理的實踐活動。據我現在所看到的很多企業做的行銷分析與策略規劃，基本上都是沿用這個思路、體系，大同小異。但是並非說「需求管理說」的理論架構沒有缺陷。

我想這裡最大的疑問，就在於如何界定需求，因為在真實世界中需求具有「難以界定性」、模糊性，甚至客戶也難以弄清楚自己要什麼，往往市場調查的結果就是所謂的「老虎不吃草」。

二戰後，IBM 公司的總裁華生，曾邀請某諮詢公司來研究未來美國所有公司、研究所及政府單位對電腦的需求量，得到的回答是不到 10 台。後來他的兒子小華生（Thomas J. Watson）做了總裁，這是個從來不信邪的傢伙，提出要大量生產電腦，之後電腦在商用領域飛速發展，這才有了之後 IBM 在電腦世界半個世紀的輝煌。我們很難說當時的人們就沒有運用電腦的需求，只是由於大部分人沒有接觸這個方面，根本不知道電腦是什麼。

在 iPhone 推出之前，如果你問客戶，他們也無法告訴你自己需要 iPhone，客戶無法清晰地說出需求就成為一個不可否認的事實，也正是因為如此，偉大的賈伯斯不怎麼市場調查，而喜歡自己反覆輾轉思索消費者。

人們對世界上不存在的東西，或者存在但是他們不知道的東西很難產生需求。客戶的需求和期望，在相當多的情況下是被產品激發出來。電腦發明之前，社會不會對電腦有需求；MSN 開發出來之前，人們也許以為用手機就足夠聯繫了。同樣的，Twitter 推出之前，大部分用戶認為 MSN 已經將自己的需求滿足了。

當然談到這裡，可能馬上就有人跳出來了說這種現象叫做「潛在需求」：電腦發明之前，我們的確沒有消費電腦的具體需求，但是我們有「提高工作效率、加快資訊處理」等之類的需求，電腦不正是解決了我們這方面的需求了嗎？因此，在電腦發明之前，人們對電腦是有潛在需求的，潛在需求它是客戶需求尚未滿足的情況，它是市場機會的所在。行銷管理的目的就是去發現它滿足它，甚至有時候我們可以「創造需求」，去驅動市場的需求。

看起來有道理，在實務操作中卻難以執行。拿電腦來打比方，的確人們都有「提高工作效率、加快資訊處理」等之類的需求；但是對這個需求滿足的方式有千種萬種，一個難以捉摸的「潛在需求」概念，到了真實世界中，企業的產品部、行銷部可怎麼「理解並執行」？請問誰能說得清人類還有多少潛在的需求？更關鍵的一點在於，正如黑格爾所言，存在即合理。企業研發出來的每一種產品和服務都是有存在意義，都可以解決消費者某種、某部分具體需求，除非這個企業的 CEO 腦袋進水，不太靈光。

回到「需求管理」學派對於「需求」（Demand）的定義：需求 = 慾望 + 購買力。從這個公式就可以看到為什麼「需求」難以去界定清晰：購買力我們可以測量，然而需求一旦從慾望層面展開，機會就是無限解，機會的永遠存在，源自人慾望的無止境。但是人的慾望如何能管理？

「需求管理說」也容易陷入理論框架的機械化。準確地來說，應該是指以「需求管理說」為基礎的行銷策略越來越走向機械化、程式化。

前面我已經提到過，「需求管理說」是行銷眾多流派中體系構建得最系統的一門學說，最系統則意味著方法論架構最完整、工具最多，也正因為這樣，一旦被封閉化，策略極容易僵化。所以現實使用過程中，原本是策略的洞察與發展，結果變成了依照工具來「填空」，只見樹木而不見森林。

這種僵化還導致了一個現象，就是行銷實踐、行銷決策總是從策略到戰術。而在現實中，如果完全按照這種說法，先調查，再細分，很多的機會就會錯失，於是就有人提出了要逆向行銷，從戰術到策略：行銷人要把在一線市場中得到的想法整合起來上升為策略，這種方法往往更實用、更直接，也能更快地適應這個瞬息萬變的市場。

另外，「需求管理說」還存在過於集中交換前的行銷活動，忽視交換後行銷活動的嫌疑。這也是 1980 年代末北歐行銷學派興起的一個原因，還有就是對競爭者沒有放在一個互動的角度來考慮問題，僅把它當成環境分析的一個元素。這些都構成了其他學說發展的基礎，後面再提到具體的學說時我會一一詳細指出。

最後必須指明的一點是：也許「需求管理說」的大廈並不十分完美，但我們必須承認它畢竟是當今行銷學中貢獻最大的一種學說，也是使用最廣、當前實踐性最強的一種學說，我本人從菲利普 · 科特勒身上學到最重要的一點也是：如何以宏觀的視野去架構一個社會科學體系，抓住體系的主流。

## 4．行銷：競爭說

「行銷的本質是什麼？」

「這還用說嗎，當你擺平了所有的競爭者，客戶就都跑到你這裡來了……行銷應該以競爭為原點。」

「市場行銷的本質不是為客戶服務，而是算計，包圍並戰勝競爭對手。」傑克· 特魯特（Jack Trout）是競爭說的最典型代表。特魯特和他的夥伴里斯在《行銷戰爭》中提出了尖銳的問題：「傳統的行銷認為企業必須滿足消費者需求，但是透過滿足需求，美國汽車公司就能成功與通用、福特和克萊斯勒抗衡嗎？」

關於「需求」和「競爭」到底二者誰是行銷的原點與本質，一直有很多爭論。視「競爭」乃至「戰爭」為行銷本質的學派認為：在市場上滿足客戶需求的深度不是取勝的關鍵，企業沒有市場，關鍵在於市場被競爭者占據和封鎖；市場也不是沒有需求，只是競爭者讓需求發生在他的身上。這就好比大森林中有塊肉，你好比一群狼。肉在這裡可以理解客戶的需求，你取勝的關鍵在於你的狼群比其他狼群跑得快。

並不是說「需求管理說」裡沒有考慮到競爭。正如我在前面所說，它僅把競爭者當作一個行銷環境變量來考慮，會導致一種靜止的思維。企業的決策是不斷地與競爭對手博弈的過程，因此不能把競爭分析僅僅作為一種環境變量，並僅僅對其作出一個程式化的考量，而要在發展行銷策略的時候步步都要注意這種「互動性」：我發展出來的這個行銷舉動對手會如何接招？在基於它如何接招的前提下我又應該如何發展行銷舉動？當然，也有一種不用考慮對手的可能，那就是競爭對手對自己的影響小到可以忽略的地步。從這個意義上講，企業的經營成果不僅取決於是否能滿足消費者的需求，而且在更大程度上被競爭者的行為所決定。顯而易見，「旁若無人式」行銷觀念是難以與現實的市場競爭相適應的。

行銷的「競爭說」之所以把「考慮競爭」放到了「注重客戶」之前，是因為它認為市場上永遠「沒有最好，只有更好」，在滿足客戶需求的過程中，企業很難去也不可能去尋求到一個「最佳解」，這個「最佳解」能夠恰如其分地滿足客戶的需求。從本質上來講，所謂的「客戶滿意」本身就是一個主觀概念，行銷管理者對消費者滿意的管理實際上是一個預期管理：消費者購買產品以後的滿意程度取決於購前期望得到實現的程度，也就是說消費者的現實感受與預期感受之差，決定了客戶滿意與否，而這個預期的來由是什麼？換句話說，也就是說客戶預期的參照物是什麼呢？很大程度上是由競爭者所能提供的價值來作為參照。

記得 1990 年代，筆記型電腦開始在中國市場出售的時候，要好幾萬一台，但那個時候的消費者並沒有很多「不滿意」的概念；如今同樣規格的東西肯定都已停產，筆記型電腦性能比以前不知提高了多少倍，價格也跌下數倍，照理來說這個時候客戶的獲益程度較以前獲得了大大的提高，但是「不滿意」程度卻也大大地提升。為什麼？因為競爭的緣故，是競爭改變了客戶的預期，是競爭造就了這個產業中的企業，為了生存不得不始終不斷地相互追趕和超越，是競爭改變了所謂客戶對「價值」的判定標準。所以從這個意義上來講，過分關注客戶需求，不如直接在行銷活動中給自己樹立一個明確的標準：打敗競爭者——這就是行銷「競爭說」思考的本質。

在行銷的「競爭說」中，行銷活動存在的意義在於掃清市場領域裡的競爭者，或者說戰勝你的競爭對手。如果企業做到了這一點，不用擔心自己的產品是否那麼恰如其分地滿足了客戶的需求。

「IT 行業第一定律——摩爾定理」是行銷「競爭說」思想的典型反映。目前矽晶圓的容量已經大大超過了絕大部分用戶的使用範圍。如果在 IT 晶片行業你僅僅停留在「滿足客戶需求」的水準，不能在 18 個月一翻的速度穩定成長，你早已被淘汰，即使你的這種科技創新成果大部分用戶並不會使用。

「競爭說」倔強地認為，行銷就是一場戰爭。擁護「行銷就是戰爭」說法的傑克特魯特，把軍事戰爭理論和實踐中的很多概念（尤其是克勞塞維茨（K. Von Clausewitz）的思想）引入行銷學，出版了《行銷戰爭》（Marketing Warfare）這本書，其中詳細論述了進攻戰、迂迴包抄戰（側翼戰）、防禦戰和游擊戰等方法，這裡不再贅述。

正如阿基里斯再怎麼強大，也有腳踝（Achilles Heel）是致命的弱點。行銷的「競爭說」也存在問題。最典型的疑問就是以競爭為核心的行銷，極容易導致競爭合流，陷入所謂的市場「紅海」區域，局限了企業對新興市場區域的開拓。

另外，行銷活動不同於戰爭，其中有對抗也有合作。兩者之間最大的不同點在於戰爭以消滅對手或者使對手臣服作為勝利的標準，而行銷不行，行銷的「競爭說」中的「競爭」只是一種奪取市場利潤的手段，而非目的，在這個背景下我們會有可能與競爭者合作。比如說，競爭者的產品可以成為測量企業產品相對價值的標誌，沒有競爭者，客戶很難理解該公司所創造的價值；再者，對許多產業而言，開拓市場需要砸進許多宣傳費用，而競爭者可以分擔一部分市場開拓費用。更有越來越多的競爭者組成了企業聯盟，有些甚至乾脆合併起來，如 IBM 的 PC 與聯想。

除此之外，行銷的「競爭說」還會碰到一個尖銳而尷尬的問題：是否戰勝了競爭對手，就贏得了市場？當柯達戰勝了地球上所有的膠片公司，正準備孤芳自賞的時候，卻發現市場不跟它玩了，因為數位相機市場不需要膠片。

## 5．行銷：差異說

「行銷的本質是什麼？」

「創造差異，如果不能有效差異，企業就不能從競爭中凸顯出來，無差異的行銷就是無效的行銷。」

行銷的「差異說」是對「競爭說」在另一個層面上的解讀，它們之間有一脈相承性，以至於很多提倡「競爭說」的行銷人實際上在行銷策略上，也提出了差異化的思路（不可不在這裡說明的是：「差異說」本質就是要和競爭對手進行有效區隔，如果我們不必考慮競爭者，就沒有必要去做「差異化」）。

「競爭說」強調的是行銷以擊敗對手，為企業求得生存空間，而到底透過何種手段獲得這個空間，雖然「競爭說」裡也給出了很多手段，甚至引用了軍事學中的很多理念和方法（比如說《孫子兵法》就在西方商業界中流傳甚廣），但是終究對只停留在具體的戰術層面，沒有上升到一個標竿思想；而以「差異」做核心的行銷學說，試圖對這個方面作出解釋。

2004 年，哈佛商學院麥可·波特教授（Michael Porter）拜訪中國時，講了一個有趣的「差異化制勝」的故事：據說居住在加拿大東北部布拉多半島的印第安人靠狩獵為生，他們每天都要面對一個問題：選擇朝哪個方向出發去尋找獵物。他們以一種在文明人看來十分可笑的方法尋找這個問題的答案：把一塊鹿骨放在火上炙烤，直到骨頭出現裂痕，然後請部落的專家來破解這些裂痕中包含的資訊——裂痕的走向就是他們當天尋找獵物應朝的方向。令人驚異的是，在這種可稱為「巫術」的決策方法下，這群印第安人竟然經常能找到獵物，故而這個習俗在部落中一直沿襲下來。

波特教授認為，這些印第安人的決策方式包含著諸多「科學」的成分，這些「科學成分」的背後揭示出來的核心即「差異化」：正是因為半島上的其他部落都精心規劃，科學分析，結果造成「競爭合流」，科學分析過的地方反而獵物被獵完，這個靠「巫術」的部落卻獲得了「差異化的生存」。

生態學中的有一個「生態位」（Ecological niche）的概念，它是指「恰好被一個物種或亞物種所占據的最後分布單位（ultimate distributing unit）」，生物要想生存，就需發生趨異性進化，在不同的生態位上分布。通俗點講，即生物要想活下來，最首要的一條就是做到如何和別的生物不一樣，就是要「差異」，這與企業在行銷上的策略思想何其相似！

以「差異」思想為來引導行銷策略非常直接有效。百事可樂與可口可樂競爭長達百年，百事出位的關鍵一戰，靠的就是在情感要素上與可口可樂差異化（百事提出「新一代的選擇」）；同樣，碳酸飲料當中，七喜透過類別差異在市場上凸顯出來（「七喜，非可樂」）。

如果企業不能形成差異化，產品就會就會變成「商品」（Commodity）；沒有形成差異，意味著企業發展的行銷策略是無效的。以中國的快遞市場為例，去想一想，哪個快遞有差異化？這麼多輪胎公司，又有誰有差異化？

依靠這個思路，你才恍然大悟，為什麼 Intel 要做要素品牌（Business to Business to Customer branding），去弄「Intel inside」，為什麼那個賣輪胎的法國公司居然做出一個米其林卡通人！

塞斯高汀（Seth Godin）覺得叫「差異化」還不過癮，直接造了一個新詞——紫牛（Purple Cow）。正如紫牛在一群普通的黑白花乳牛中脫穎而出一樣，他認為真正的行銷應該會讓人眼睛為之一亮、可以把人們的注意力恰到好處地引向我們的產品和服務的一門藝術。

行銷如何做到差異化呢？一般來講，我們可以從三個維度來做差異：利益上的差異、情感上的差異、價值觀上的差異。展開來講內容太多了，這裡不再贅述。

## 6．行銷：壟斷說

「行銷的本質是什麼？」

「行銷是市場策略的表現的手段，而企業的市場策略最想獲得何種結果或地位呢？最理想的目標是壟斷！」

「壟斷說」是從另一個維度對「競爭說」的演進。對真實世界的企業來講，叫「行銷」或者其他概念對他們來講沒有意義，關鍵是要貫徹自身的企業目的，行銷只是市場策略的表現手段。這裡我們必須弄清楚一個問題，企業市場競爭要達到的目的是什麼？當我們採取一種行動的時候，始終必須面對這樣一個首要問題：企業這樣做究竟是為了什麼，這樣做是要達到何種目的。

同樣的，前面我亦談到，有效的行銷要在市場中尋求和維持「差異化」。那麼我們再追問：差異化是為了什麼？從前面的第一層分析來看，企業在產業中採取一種競爭策略，是為了比對手在市場上活得更好，也就是在市場上能夠獲取自己的獨特競爭優勢，這個時候差異化是一種手段。但是，在這裡問題遠遠沒有結束，我們還要進一步追問，企業獲取競爭優勢是為了幹什麼？

其實只要我們回到企業存在的目的，這個問題就很簡單。企業和其他社會機構其目標最顯著的不同，就在於企業要作為一種盈利組織而存在（當然有人會提到有「社會企業」，但社會企業也需要以經濟利潤為基礎，波特提到「共享價值」（Shared-value）也談到企業在「社會價值」中不可或缺「經濟價值」）。換句話講，如果企業不能進行盈利，就難以支持自身的發展。企業要獲得競爭優勢不是為了優勢的本身，而是能夠更好地盈利，獲得更好的盈利是企業發展其競爭策略、發展其行銷策略的核心目的，或者說核心目的之一。

現在，讓我們進行進一步的追問：怎樣才能獲得最佳的盈利空間？

在這裡我們引入微觀經濟學的視角，把市場的結構分為四種類型：完全競爭市場、壟斷競爭市場、寡占市場和壟斷市場。在完全競爭市場下，每個企業都缺乏對市場的定價權，企業競爭激烈，利潤趨向於零。而在壟斷競爭市場，企業眾多，且這些企業生產和銷售有差別的同種產品，一個企業的決策對其他企業的影響不大，不易被察覺，可以不考慮其他人的對抗行動；第三種類型是寡占市場。指市場上有幾個大型企業控制了整個行業的生產和銷售，其利潤在於寡頭之間的博弈結果。最後一個是壟斷市場，指行業市場被一個大的企業所控制，其掌握了供應權與定價權，所獲得的利潤最大。

如果我們把這四種市場結構作一個比較，很顯然，如果一個行業處於完全競爭市場，其盈利最低，而在壟斷市場盈利空間是最大的。能夠獲取壟斷是每個企業夢寐以求的，因為在這裡你有最佳的盈利空間。

但是，絕大部分企業或者因為競爭的壓力，或者因為政府的管制，是得不到壟斷利潤的，而如果把市場進行有效的細分和區隔，我們是有可能達到這樣一種效果，也就是說——我們透過切割自己的活動領域得到一個人為的壟斷效果。

重新順一遍我們的推理邏輯：企業要發展競爭策略是為了形成自己的競爭優勢，競爭優勢的核心目的之一在於企業要擁有更好的盈利空間，而擁有更好的盈利空間的關鍵，是要人為的創造一種市場的壟斷效果。那麼到這個時候，我們就能得出結論，企業的行銷策略就是要試圖達到或者接近這種壟斷效果！

也是基於這樣的邏輯，我們能觀測到行銷活動中很多策略所應該承擔的意義性指向。

為什麼要細分？就是要切割出自己可以壟斷的市場，獲取到最高的溢價。

為什麼要定位？就是要壟斷消費者的心理資源。

行銷策略應該怎麼做？首先要學會卡位，占據有利的產業位置；要有意識地降低同行業的競爭強度，並提升市場進入障礙（比如說掌控關鍵通路、建立品牌資產都是這個目的）；提高企業對客戶的議價能力（如掌控價值鏈、提高客戶轉換成本）等，所有的行銷活動都應該去指向「壟斷」這個終極目的，這也是行銷「壟斷說」的思想核心所在。

「壟斷說」所揭示出的行銷策略指向非常清晰，它也打通了行銷與競爭策略之間的邊界，亦揭示出一個重要的結論：已經形成壟斷優勢的企業無意義去做行銷。

## 7．行銷：價值設計說

「行銷的本質是什麼……？」

「當然是提供客戶價值嘛，如果企業都不能給客戶提供價值，不能比競爭對手更好地提供客戶價值，那企業有存在的意義和基礎嗎？」

2004 年 8 月，在美國市場行銷協會（AMA）夏季行銷教學者研討會上，AMA 揭開了關於市場行銷新定義的面紗，以此更新了近 20 年來 AMA 對行銷的官方定義（上一次修訂是 1985 年）。這次對「行銷」界定的新定義是「行銷既是一種組織職能，也是為了組織自身及利益相關者的利益而創造、傳播、傳遞客戶價值，管理客戶關係的一系列過程。」新定義的最大亮點就是把「客戶價值」放在了一個顯著的地位，它強調企業應該著眼於客戶價值來綜合運用各種行銷策略，給客戶提供更多更有意義的價值。

「客戶價值」到底是指什麼？學術界有很多概念，但是感覺都沒說透，總是雲裡霧裡。其實說穿了，客戶價值是個比較概念，第一個比較是指客戶獲取的總價值與客戶支付總成本之差，也就是行銷學裡經常說到的

「客戶可得價值」；第二個比較則是指與競爭對手提供的價值對比，企業所能提供給客戶的價值有多少。

在行銷的「價值設計說」中，行銷的本質就是透過產品和服務，提供給消費者高於競爭對手的價值。基於此，麥肯錫公司也提出了行銷要作為「價值傳遞系統」的概念：價值傳遞系統由選擇價值、提供價值和傳遞價值三大板塊組成。

「價值設計說」迴避了單一地討論需求這個概念，提出行銷的本源在於為客戶價值服務。表面看起來這個細小的概念改動沒有什麼，但是背後卻有深刻的意義——「價值」是要基於競爭來比較的。基於「價值設計說」，行銷管理者應該把「客戶」和「競爭者」兩個元素整合起來考慮，進行「價值提供」、「價值設計」甚至是「價值創新」。說到這裡，不由得不讓我們想起了幾年前在學界和坊間甚為流行的「藍海策略」（Blue ocean strategy）。

其實我很早就對 W · 錢· 金（W.Chan Kim）和勒妮· 莫博涅（Renee Mauborgne）兩位研究者的觀點有關注。我記得最初（應該是 1990 年代）他們在《哈佛商業評論》（Harvard Business Review）上發表這方面文章的時候，並不是取了一個叫做「藍海策略」的概念，而是將他們的這種市場策略稱為「價值創新策略」（Value Innovation）。2005 年，我也曾在楓丹白露參加過他們的一個對話，當時 W · 錢· 金也提到所謂提出「藍海」、「紅海」的概念，不過是為了造就一個能讓大家接受的表達方式，其本質來講還是「基於競爭的客戶價值創新」，是一個介於行銷與策略之間的邊緣概念。

所謂行銷的「價值設計」，就是一方面既考慮到行銷必須對接消費者的需求；另一方面還要有效與競爭對手形成差異，在這兩者之間尋求到一個平衡，然後有效地將價值傳遞給客戶。

「一分鐘診所」（Minute Clinic）就是價值設計的好案例，每位到該診所的患者只需 15 分鐘。這家連鎖醫療機構，只診幾類普通疾病，已經形成標準化操作，能迅速看病，且診所開在居民區的連鎖店裡，占地面積只有 10 平方公尺，收費比其他醫院低一半。「一分鐘診所」用九年時間，在美國 49 個城市開設了 569 家診所，「一分鐘診所」透過對患者需求的取捨，勾勒出能和競爭對手形成顯著性差異，實現出了獨特的客戶價值。

「價值設計說」將行銷的「需求導向」與「競爭導向」有效進行了結合與協調，使行銷更具有策略化的色彩，將行銷思維從銷售端那「驚險的一躍」貫穿到整體的企業活動中，作為策略的前端。

## 8．行銷：關係管理說

「行銷的本質是什麼？」

「我想是管理好與消費者之間的「關係」吧。嗯，關係還不夠，要能形成相互嵌入的關係型社區。」

哲學家說，人的一隻手並非是能夠確認人的標誌，因為部分的內涵不能取代整體的概念。正是基於這個理由，有的行銷學者開始對傳統的行銷學提出了犀利批評，認為它沒有令人滿意地反映出現實。

他們認為，傳統行銷學主要集中於對商品行銷的研究，而對於組織行銷研究不夠；其次，注重討論了交易前的一些活動（最典型的是 STP 策略），而對交易之後企業怎麼去維護這個市場，保持客戶的忠誠度，衡量客戶的 ROI 研究不透徹，在真實世界中，我們看到的大多數 CMO 實際做的大多是交易後的客戶管理工作。

1970 年代開始，北歐的學者提出了以建立和管理「關係」（Relationship）為基礎的行銷，試圖替代傳統行銷觀念的架構。他們認為：行銷應是在獲利的基礎上，透過建立、維持和促進與客戶的長期關係，以便滿足參與交易各方的目標。這只有透過互利的交易和承諾的滿足才能實現。換句話說，行銷的目的在於與客戶結成長期的、相互依存的關係，與客戶形成一個互動的社區，發展客戶與企業及產品之間的連續性的交往，以提高忠誠度與鞏固市場，促進產品持續銷售。

基於關係的行銷說在理念上抬得很高，但是應用的策略目前很少，我覺得在策略發展上最關鍵的無非是兩條：一個是客戶資料庫行銷；另一個則是忠誠度管理。行銷「關係說」中的一部分學派，強調服務行銷（service marketing），但是我覺得那個不是核心（把「服務」作為核心，是以戰術替代了策略思考），最為核心的是如何與客戶建立持續交易的基礎，企業透過行銷與客戶之間能相互嵌入、相互約束、形成共享平台。

很多人認為「關係行銷」只適合組織市場，比如說工程機械、鋼鐵、通訊設備，其實不然，行銷的「關係管理」思路對每種市場的企業都適用。「產品行銷」的時代已經過去，產品服務化是一個行銷趨勢，非組織市場的「關係管理」可以透過產品服務化切入。

蘋果（Apple）公司就是一個例子。要知道，早期的蘋果是一個以產品本身來凸顯優勢的公司，當時賈伯斯很倔強，蘋果電腦從硬體到軟體由他全部設計、全部包辦，小眾的定位、封閉的系統，使蘋果在 1980 年代敗給了 IBM 和微軟；而 21 世紀初，賈伯斯重新回歸蘋果後，賈伯斯透過 iPod、iPhone 和 iPad 打了一個漂亮的翻身仗，除了高性能的產品、簡練的工業設計之外，蘋果最大的不同是將系統開放，透過 iTunes、App Store 等平台，讓使用者能夠不斷更新服務，這個時候的蘋果就已經不是一台手機、一台 PC，更多是一個服務平台，使用者成為 iPhone 社區的一員，有共同的興趣、愛好，有群體認同，而沒有買 iPhone 的人就沒有歸屬感。蘋果公司從一個極端品牌導向的公司，變成與消費者建立關係的樣本，這就是「關係管理」的行銷思路。

一次，我碰到富士康一個高管，他對 Nokia 與蘋果兩種模式做了一個有趣的區分：「客戶」與「用戶」。Nokia 做的是「客戶」，是產品思維，產品賣出去和客戶之間的聯繫基本上就斷裂了；而蘋果做的是「用戶」的生意，機器不過是一個與消費者建立關係的窗口，透過窗口進入社區後，蘋果的「關係管理」行銷才開始發揮力量，消費者變成蘋果服務產品的反覆使用的「用戶」。

現在所談的企業網路行銷，它背後關注的價值是什麼？也是一樣——和消費者形成一個互動的、相互影響的社區關係。

行銷的「關係管理說」拓寬了行銷的功能，亦深化了行銷對於客戶影響的作用，從「關係管理」的角度來看，「需求管理」只能構建暫時性的、戰術優勢，而「關係管理」意圖在搭建一個長遠的、策略性的、互生的「企業—消費者」生態，這的確是一個認識論上的躍升。

## 9．行銷：客戶資產管理說

「行銷的本質是什麼？」

「建立客戶資產、管理客戶資產、營運客戶資產。」

行銷的「客戶資產管理說」是在行銷「關係說」基礎上發展。從行銷學百年的變遷來看，行銷學發展的主線就是從「產品導向」走向「客戶導向」，這是毋庸置疑的趨勢。

那麼，讓我們接下來問：行銷中為什麼要強化品牌的作用？行銷中為什麼要重點研究顧客滿意？行銷中為什麼要建立與客戶相互嵌入的社區關係？

對以上這些問題，在前面以及後面的章節，都從對「行銷本質」不同側面的理解給出了回答，然而在這裡我想從客戶資產的維度給出另一個解釋視角。

前面談到過，企業之所以存在本質上還是為了盈利，因而企業建設品牌不是「為品牌而品牌」，做客戶滿意亦不是「為滿意而滿意」，我們不能陷入這些手段的研究而忘卻了他們存在的意義。愛因斯坦說，手段的完善和目標的混亂是我們時代的特徵，從經營邏輯上看，無論是談品牌，還是顧客滿意，客戶關係管理，本質上都得指向一件事——前面我投入了那麼多，有沒有產生結果，有沒有為公司帶來價值，我能從客戶身上得到什麼東西，而這個標準就是「客戶資產」（Customer Equity）。

「客戶資產」與「客戶價值」有很大的區別。「客戶價值」我在前面解釋過，它指的是客戶的可得價值和與競爭對手相比企業所產生的價值，通俗的講，它指的是企業能透過產品或者服務為客戶帶來什麼；而「客戶資產」不一樣，它更多指的是企業能從客戶身上獲取到什麼。

所謂客戶資產，就是企業所有客戶生命週期價值折現現值的總和，即客戶的價值不僅是當前透過顧客而具有的盈利能力，也包括企業將從客戶一生中獲得貢獻流的折現淨值，把企業所有客戶的這些價值加起來並折現，稱為「客戶資產」。

客戶資產的提出，為行銷學解釋企業為何要滿足顧客需求、獲得顧客滿意及維繫顧客關係，提供了更本質的理由。很多時候，行銷學裡亦經常談到「品牌資產」等概念，而品牌資產如何衡量目前還缺乏一個大家皆認可的標準，難以測量。這裡我們提出疑問：人才，品牌乃至企業研發 R&D 是最重要的資產嗎？仔細想想，答案是否定的——以上提到的這些只能算作手段，而非目的，企業的終極目的維繫更多的客戶，達到更好的盈利，脫離客戶談品牌沒有任何意義！

基於這樣一個獨特的視角，我們也就會理解，為什麼很多網路公司從行銷上，一開始就瞄準了如何積累客戶群，為什麼 Google 在網路上最大的挑戰者是 Facebook。我們以騰訊為例：要知道，十年前騰訊可是一直為如何盈利而感到困擾，直到 QQ 秀的推出，騰訊的盈利一發不可收拾，進入入口網站營運、網路遊戲乃至來電答鈴等無線延伸服務，不久前也殺入了微博。騰訊業務涉足之廣，只要是市場上有發展空間的網路產品，它基本都進入，也皆取得了相當的成功，以至讓很多新創的網路公司苦不堪言，有人這樣評論：騰訊的業務拓展方法就是「走別人的路，讓別人無路可走」。騰訊當前的市值最高峰約 400 億美元，所有這一切，背後有源於騰訊旗下有 3 億人在使用 QQ 號，它依據這個客戶資產可以不斷擴張自己的業務邊界和利潤區。

盈利邏輯的變化，使行銷的重心開始指向客戶資產的管理。企業在行銷中不僅要學會計算客戶當前所能貢獻的顯性價值，也要學會計算客戶背後存在的隱性價值和成長價值，透過建立客戶資產去獲得企業面向未來的競爭優勢，行銷的「客戶資產管理說」也把行銷上升到了一個更高的策略層面，解釋企業的競爭力所在，它是行銷「關係說」在更高層面上的演進。

## 10．行銷：交易成本說

「行銷的本質是什麼？」

「如果市場處於真空狀況，交易之間都不存在摩擦，那行銷還有什麼意義呢？」

斯坦頓教授（William J. Stanton）認為：任何人或企業只要想將有價值的產品和他人或企業進行交易，行銷便隨之而發生。因此，某種意義上講行銷就是要促成交易或者交換。廣義而言，行銷是為了滿足人們或企業需求而進行的一種創造價值或便利交易的目的性活動。

一般來講，滿足需求的方式大致為三種：自行生產或製造、偷竊或強取、用有價物與他人交換產品或服務。斯坦頓認為，上述第三種滿足需求的方式才稱為「交易」，並且認為僅存在交易的情況下才存在行銷。

斯坦頓的洞察有不可掩飾的鋒芒，但是我覺得有一點必須強調，那就是：行銷的確是要促成交易或者交換，但是並不等於說，交易就等於行銷，如果市場處於真空狀況，產品或者服務提供出來後都能良好地完成交換，買賣雙方對於他們所買賣的標的物在交換之前與之後都能清晰了解，交易過程非常之有效率，這個時候還有存在行銷的必要嗎？

很顯然，無摩擦交換不會產生行銷，行銷的目標是消除和降低交換所產生的成本，這樣，我們就導入了對於行銷本質揭示的另一個維度——「交易成本說」。

「交易成本」的概念由寇斯（Coase）提出，將這個概念導入行銷上——「交易成本」，在行銷活動中具體指哪些，有很多爭論。目前來看，可以由客戶的「資訊蒐集成本」、「信任成本」和「轉換成本」三個維度組成。

(1)「資訊蒐集成本」。指的是消費者在購買某種產品時候，有可能對這些品牌不熟悉，所以需要花費很多時間去搜尋相關品牌的資訊。從這個維度看，行銷策略中的實體店攔截、廣告傳播、差異化策略都是為了降低消費者的「資訊蒐集成本」。在消費者對「資訊蒐集成本」要求比較低的行業，如快消品，則更強調通路覆蓋，如可口可樂的「無處不在法則」。

(2)「信任成本」。指的是消費者與公司打交道，購買產品時對風險的考慮，害怕受騙。在決策複雜的組織市場，「信任成本」是妨礙市場交易的核心，因此行銷中如何建立置信資產是關鍵。

(3)「轉換成本」。當消費者從一個產品或服務的提供者轉向另一個提供者時所產生的一次性成本。這種成本不僅是經濟上的，也是時間、精力和情感上的。企業守衛市場時要學會建立自身客戶的「轉換成本」，建構自身的護城河。

從這些維度理解了行銷的本質之後，我們就開始明白：為什麼做行銷中的客戶忠誠度管理如此重要？是為了降低客戶的資訊蒐集成本和信任成本，減少企業宣傳費用的投入。

那客戶忠誠應該怎麼做？服務行銷是遠遠不夠的，本質上要提高客戶的「轉換成本」。

為什麼品牌定位的第一法則是建立新品類？因為要讓客戶心理便於清洗快捷的辨認，減少資訊蒐集成本。

從轉換成本來看，近年聯通與中國移動的行銷博弈就非常有意思。幾年前聯通用 CDMA 進攻中國移動的通訊市場慘敗，原因很簡單——大部分行動用戶不願意改變手機號碼，因為當中積累了大量的人脈關係，轉換成本過高；之後，聯通開始與蘋果公司攜手，推出預存話費的贈送 iPhone 的策略，由於 iPhone 特定的吸引力，使客戶不用考慮到原來的轉換成本，一下轉走了中國移動的大部分高消費客戶。在這個時候，中國移動怎麼守位呢？我注意到了一點：中國移動在高消費客戶經常出入的場所布局——

這些地方包括星巴克、機場、高爾夫球會所等，中國移動與這些場所合作，如果你的 PC 要在這些地方免費登錄無線網路，其需要接收中國移動的號碼，透過跨界的應用，再次提高移動號碼的轉換成本。實際上有心人可以看到，兩家電信巨頭每天的行銷攻略，就圍繞著「轉換成本」在暗戰。

## 11・行銷：資訊不對稱說

「行銷的本質是什麼？」

「你想想看，行銷的一些主要功能，如定位、品牌策略，如果企業與客戶資訊能夠對稱，這些功能是否還需要保留呢？」

所謂的行銷「資訊不對稱說」實際上與行銷的「交易成本說」一脈相承，他們都是從新制度經濟學中獲取靈感，來解讀行銷的本質。資訊不對稱，指的是在商業活動中，交易雙方對於他們面臨選擇的商品或服務擁有的資訊並不完全相同。

1970 年，31 歲的喬治· 阿克洛夫（George Arthur Akerlof）發表了《檸檬市場：質化的不確定和市場機制》的論文，開創了逆向選擇理論的先河，該論文曾經因為被認為「膚淺」，先後遭到三家權威的經濟學刊物拒絕，幾經周折才得以在哈佛大學的《經濟學季刊》上發表，結果立刻引起巨大反響，並以此摘取了 2001 年的諾貝爾經濟學獎。

在文中，阿克諾夫提出了檸檬市場（The Market for Lemons）模型，即資訊不對稱的極端情況會造成「劣品驅逐良品」。他以二手車市場為案例進行深入剖析，在二手車市場，賣家比買家擁有更多的資訊，所以兩者之間的資訊呈現非對稱性，買家肯定不會相信賣家的話，即使賣家說得天花亂墜。買家唯一的辦法就是壓低價格，以避免資訊不對稱帶來的風險損失。買家過低的價格也使賣家不願意提供高品質的產品，從而次品充斥市場，高品質產品被逐出市場，最後導致二手車市場萎縮。

劣貨追逐良貨。順著阿克諾夫這個思路往下想，有什麼啟示？行銷到底要承擔什麼功能？

我們常常講，市場經濟優勝劣汰，然而這種劣貨追逐良貨的情形，卻讓市場上的企業止步。你想讓產品更好嗎？產品太好，連賣都賣不出去，整個市場會採取「平均成本定價法則」走向瓦解。這種狀況我們真的不願意看到，那應該怎麼做呢？

在不對稱的資訊市場，行銷者要學會主動發射「市場訊號」，透過市場訊號的傳遞，告訴購買者我的產品或服務是不一樣的。對於有競爭優勢的企業，行銷者應該在這個市場上使資訊對稱，比如說資訊公布公示，要學會讓自己的產品 / 服務利益「視覺化」、「可觸摸化」，尤其是對於 B2B（Business To Business）組織市場來講，大部分採購涉及金額較大，決策程式複雜，如何向採購者有效證實自身的價值非常重要，在給客戶做顧問的時候，我們經常採取「行銷 ROI」的測量法，去比較、證實每個環節對於客戶價值的增益量，目的就是要使「資訊對稱」。

當然這個市場上也還有一類企業，就是上面所談到的持有「劣貨」的企業，他們應該怎麼辦？這個時候他們的行銷者就不是要使資訊「對稱化」，這是在自掘墳墓，而是要混亂市場，好混水摸魚。

從行銷的「資訊不對稱說」來看，定位、品牌都是在發射「市場訊號」，降低消費者資訊處理的難度，消費者不會去看你的工廠、用精密儀器測量你產品的每個品質指標，這種情況下他就去看品牌。因此，資訊越不對稱，品牌則越重要，資訊越不對稱，品牌所占的溢價則越高。資訊經濟學為理解行銷的本質開啟了另一道窗戶。

## 12．行銷本質的綜合圖景

「再堅持一下，你也許就會看到完整的大象，也許還是不能……」

在前面，我們已經試圖勾勒出來了關於行銷本質討論的十個維度，現在我想試試如何將這些「解構」綜合起來，這好比是一個摸象者，摸完了大象的眼睛、鼻子和尾巴，也許摸象者會說：「我想看到一隻完整的大象輪廓。」可是，完整的大象並不等於眼睛加上鼻子加上嘴巴，這樣是還原不到整體的圖景，就好比人的眼睛、嘴巴、鼻子等器官加起來並不等於人本身。在這裡，我亦試圖將這十個維度，找到一種貫穿式的線索，形成「行銷本質的綜合圖景」。

西方哲學史上，關於「認知是否可能」一直是近代以來反覆爭論的事情。這裡我需要再次聲明：也許十種本質的討論都沒有揭示出行銷本質的真相，這種討論只是提供我們更接近真相。

「資訊不對稱」、「交易成本」是行銷存在的基礎，如果在這兩個層面沒有障礙，行銷就失去了存在的必要條件。在行銷中，客戶的需求是市場存在的基礎。「需求管理」要求企業貫穿到產品創新與研發、銷售、推廣等的全行銷鏈，防止企業與市場之間關係的斷裂；「流通說」強調的是三大領域——生產領域、流通領域和消費領域的貫穿，它可以說是需求管理中的一個側面的反映，但是強調的重點不一樣；「競爭說」更強調在市場競爭中，競爭的影響有時甚至要超過需求，否則企業即使滿足了客戶需求，也會因為對手的強大而失去了市場，可以說，它是對「需求管理說」的一個有力補充；從「競爭說」出發，會有兩條線索，去討論市場競爭何以有效，去研究市場競爭策略的本質目的，也就很自然地將行銷本質的討論過渡到了「差異說」和「壟斷說」；另外，我們也可以看到，對於「需求管理說」和「競爭說」兩條線索的匯流，形成了「價值設計說」，它將需求與競爭綜合起來考慮，找到了兩者有效聯合的視角，但是它更注重前期的客戶價值設計，後端的推廣基本上還是「需求管理說」的內容。

上述所提到的八種行銷本質學說的討論，一方面集中在行銷的基礎在哪，緣何而存在、策略的指向在何處；另一方面還有一個特點——就是在行銷的實務操作中，集中指導的是「交易前」和「交易中」的策略、職能和工作，對於「交易後」強調不足。至此，「關係管理」說開始登場，它更注重如何與客戶建立持續交易的基礎，企業透過行銷與客戶之間能相互嵌入、相互約束、形成共享平台；而「客戶資產說」把關係背後形成的結果上升到一個更高的策略高度，找到「行銷策略何以升級」的線索和基點

——何謂可以持續的行銷。

基於此，我們可以形成「行銷本質的綜合圖」（見圖 1-5）。

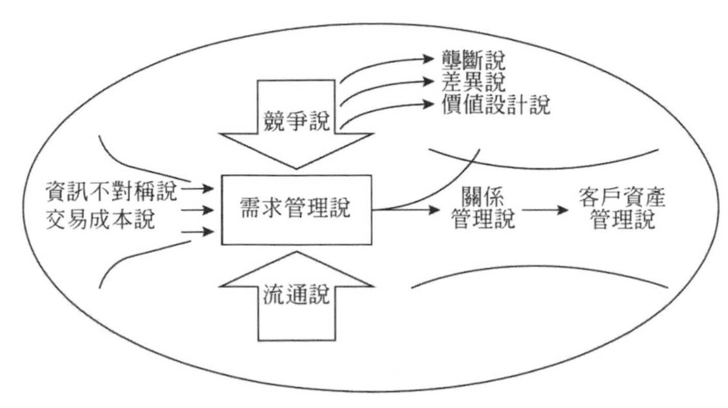


圖 1-5 行銷本質的綜合圖

## 13．「行銷三角」：邏輯、想像力與人性

最後，我想換個視角，再看看「行銷」。前面我們討論了行銷的十種可能的本質，卻仍然得不到一個確定的解。其實同樣的困境何止出現在「行銷學」呢？語言哲學的主要創始人維根斯坦（Ludwig Wittgenstein）曾提出：幾千年來人類對問題的爭論的衝突，其實都不是爭論本身的問題，而是對這個問題「如何定義」的問題。

既然這樣，如果難以去用「本質」來定義「何謂行銷」，能不能換個思路，去找出行銷策略之所以能夠成功的一些另外的關鍵詞呢？

一旦被定義，就被束縛、就有規則、就有原點、就趨向於封閉、就失去了思維的跳躍，那我們就不定義了吧，看看有哪些關鍵詞。

明茲伯格早期研究的重心，實際是在「管理學」上。管理究竟是科學還是藝術？明茲伯格給出的關鍵詞是：管理既不是科學，也不是藝術，管理應該是「科學」、「藝術」和「手藝」（Craft）三者的結合。「手藝」這個詞的加入可謂精妙，它形象地刻畫出管理工作中管理者所需要的分寸感、手感、對輕重的拿捏，講究的質感等。「科學、藝術、手藝」——這就是明茲伯格的「管理三角」（見圖 1-6）。

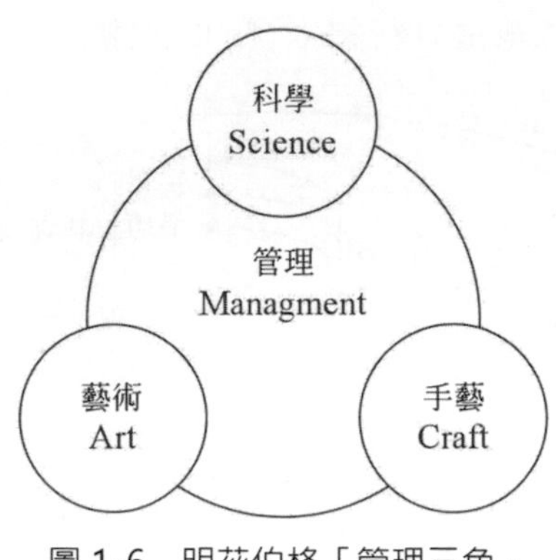


圖 1-6　明茲伯格「管理三角」

依據明茲伯格這種思維方式的啟示，我也把行銷中最關鍵的要素抽離出來，提出了我的「行銷三角」——「邏輯」、「想像力」與「人性」（見圖 1-7）。

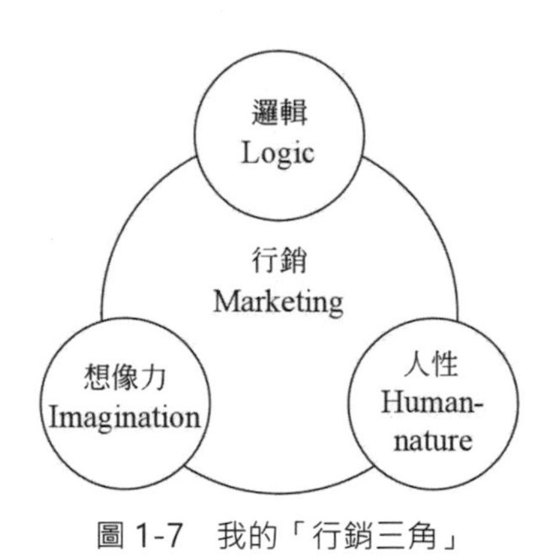


圖 1-7　我的「行銷三角」

為什麼是「邏輯」（Logic）「想像力」（Imagination）和「人性」（Human-nature）？

「邏輯（Logic）」是指行銷策略發起的思考線索，它是我們形成自己對市場認知、判斷、決策的基礎，是規律的總結與提煉。行銷學裡的一些重要概念，如市場細分、定位、轉換成本的管理、接觸點管理等，這些都應該被囊括到行銷「邏輯」的領域。

但是擁有好的「邏輯」還遠遠不夠，「邏輯」更多的是建立在他人或自己過去的經驗之上。在市場競爭中，我們卻看到：改變服裝行業的，不是服裝公司，是凡客這類公司；改變電信業的，不是美國電信，是 Skpye；改變中國酒店行業的，不是我們熟知的那些老酒店，而是 Ctrip 出來的創業者。在僅依靠邏輯來做判斷的決策者中，多年來我看到過不少「趙括」般的人物。

你的經驗、行業積累還那麼重要嗎？是動力還是絆腳石？

於是，我就引入了第二個重要的關鍵詞——「想像力」（Imagination）。甚至連愛因斯坦這樣偉大的科學家也感嘆道：想像力比知識還要重要！

為什麼行銷需要想像力？我想有如下幾個重要原因。

首先，邏輯導向容易陷入趨同型思考，進入紅海；其次，邏輯是對規律的抽象提取，還原需要場景。這一點，赫伯特·西蒙（Herbert Alexander Simon）曾經談到，為什麼管理學的一些理念會失效——因為這些規律都是從具體的場景中抽離出來綜合得到的，如果要運用，需要結合具體、即時的管理場景。這就好比是化學分子的組合，一個細小的區別就變成了另一項物質，而行銷邏輯在運用的過程中，需要有想像力，洞察到不同情景下的細緻入微化學變化。還有一個重要的要素，就是各個行業邊界正在消失，因此跨行業、跨界的想像能力，對行銷人來講尤其重要。

更可怕的是，這是一個缺失想像力的時代。有一項研究表明：5 歲的兒童還是每天會問 65 個問題，而 44 歲的大人每天會問 6 個問題。孩子們問「為什麼」都是探索性的，而成年人問「為什麼」多是社交型的，如「你為什麼這麼做？」，成年以後，我們只解答問題，問問題只表示我們在傾聽別人說話而已，想像力的對手，就是我們固有的邏輯。

行銷有很多想像空間，讓你在競爭中「像一頭紫牛一樣冒出來」，比如說跨界思考、比如說置換型思考——把對手的靈感放進來，要拆掉思維中的牆等。對這一塊我做過專門的研究，內容很多，就不一一講了。

我引入的第三個關鍵詞是「人性」。其實百年來管理科學的研究原點，都在於對人性的假設（X 理論、Y 理論等）。當然談到「人性」，又是一個內涵無限深、外延無限廣的話題。佛洛伊德（Sigmund Freud）提到了「本我、自我與超我」，也有人把人性歸結為「有限理性，情感與主觀」，我認為，人性就是「動物精神 + 天使心靈」的結合。

我問過菲利普 · 科特勒所謂「行銷 3.0」的本質是什麼，他說是「人文關懷」（Human-care），這就是人性行銷中的「善因」，人有向善的一面，行銷 3.0 就是要用價值觀激發客戶的共鳴。但這只是人性的一個側面，基於人性的研究，人性中的「慾望張力」、「貪婪」、「羊群效應」等，也可以成為行銷的出發點，正如物理學家尼爾斯· 波爾（Niels Henrik David Bohr）所言：真理的反面是另一個真理。

在「人性」層面做文章來行銷的企業極少，而成功行銷「人性」的企業都獲得了巨大成功，比如說前面提到的蘋果公司——賈伯斯在每次新品上市前都做足了行銷攻勢，產品都是千呼萬喚始出來，做足「饑餓行銷」，形成消費者的「羊群效應」。前幾年地產界的黑馬「星河灣」，也是人性行銷的高手，他們對於精品和富人有極其深刻的洞察，把住宅地產賣出了不可想像的天價，在星河灣的市場部中有一句話：有錢人缺的不是錢，缺的是所謂的高尚跟爽。

在行銷策略中，能把握住「邏輯」的人已經是「良將」，能協調「邏輯」與「想像力」的人我認為是「高手」，而能駕馭「邏輯」、「想像力」與「人性」的則是大師級的人物了。請你再把上文中我提出的那個「行銷三角」仔細看一看，有沒有發現，這三個關鍵詞背後對應的是什麼？

有沒有發現到——行銷的「邏輯」對應的是消費者的「大腦」（Mind），「想像力」對應的是消費者的「心靈」（Heart），而「人性」則切中的人的「靈魂」（Soul）！

什麼是一流智商？即「頭腦中同時存在兩個互相矛盾的想法，仍繼續思考的能力」。行銷需要邏輯，需要突破邏輯的想像力，更需要超越邏輯、想像力的對人性的洞察。

最後，我想說的是，「行銷」畢竟屬於「管理學科」乃至是「社會科學」中的一個分支，它的討論會隨著時代的變遷而被洞察、挖掘、思考出更多新視角，我們的「解構」和「綜合」並不會結束，也許我們可能永遠也找不到行銷的本質，就像自古希臘時代以來人們仍舊沒認識到「世界的本質」一樣。但是，我們一定能夠越看越清楚，更去接觸到真實。當然，對我自己本人來講，這是一個「意思比意義更有意義的事。」

# 08
# 競爭策略的新視角：抓住策略咽喉

我想提出一個原有的競爭策略中沒有的概念——策略咽喉。

何謂策略咽喉？如果我們在企業的策略實現、策略控制中找出一個關鍵環節，企業如果掌控了這個環節，事情能產生質的變化，哪怕其他布局效率滯後也不會產生策略性的影響，我們將其稱為「策略咽喉」，打個比方，它就是我們所說的「打蛇打七寸」。

我們舉一個「策略咽喉」的例子：在美國亞利桑那州的大峽谷，居住著一群印第安人。在 2005 年之前，這些印第安人主要靠著在大峽谷中唱歌跳舞娛樂遊客為生。而到了 2005 年，印第安人突然想道：如果在大峽谷觀光風景最好的地方，修建一座大型的觀景台，會不會徹底改變收入來源，坐著也賺錢？只要占據了這個風景最好的地方，設一個關卡，就可以隨便收錢了，再也不用辛苦地跳舞唱歌。後來印第安人開始執行這個計劃，建造了今天著名的大峽谷「天空步道」，一個遊客 27 美元，每天平均有 10000 個遊客，收入源源不斷。印第安人把握住了大峽谷觀景的「策略咽喉」，實現了對以前業務模式的顛覆。

從「策略咽喉」這個新策略概念來看，你也許就非常好理解一些網路企業的估值為何用「市夢率」（指高科技網路股票的本益比，或稱市盈率，如夢幻般離奇的高），能夠理解為何百度要花 19 億美元收購 91 助手，能夠理解 360 與騰訊端口之戰背後的意圖，也能夠理解騰訊今天的市值已經突破 1500 億美元，但華爾街並不覺得其被高估。

理解了這個概念，那我們看看市場經濟下、行銷戰爭奪上這些「策略咽喉」發生了哪些變遷？

前市場經濟年代，計劃經濟我們不談，那個時代如果硬說要有行銷戰的「策略咽喉」，那就是政策批文、政商關係。從供過於求、以客戶為導向的市場經濟開始，首先顯現出來的是對實體店的控制，最典型的就是通路巨頭，以客戶流量挾持廠商，沃爾瑪、蘇寧、國美都是這個時代的產物，消費者要買到商品，就必須經過這些大型通路商，他們能夠保證廠商接觸到大量的客戶流量資源，因此在這個過程中，他們可以不斷盤剝供應商，甚至拿著供應商的錢進一步劃定地盤，或者以現金流進行其他投資性業務，這就是我們常常提到的「類金融」模式，因為他們控制了「人流」。

而「策略咽喉」往往會隨著客戶流規模的變化的遷移，在 PC 網路時代，由於資訊不對稱性降低，廠商存在透過設置網路商城直接銷售，最開始由於「人流」規模的限制，難以對實體店產生根本性的衝擊，而隨著淘寶、天貓這些電子商務企業的產生與迅猛發展，人流從實體店轉移到了線上，成為人流聚合點的電子商務掌握住了「策略咽喉」，這也成了近年京東、阿里巴巴在美國巨額 IPO 的原因。而隨著行動網路的迅猛發展，流量規模超越了 PC 網路後，尤其是行動互聯作為「人聯網」的本質顯現出來，「策略咽喉」的爭奪不僅顯現在流量的入口與流量的規模，還顯示在與消費者連結的時間，誰占領了消費者的時間，誰就相當於成了消費者器官的一部分，所以此時微信的價值就凸顯出來了，基於它對消費者時間的占領，完全顛覆並取代 PC 電子商務企業的可能性，而下一步，我們又看到穿戴式設備的興起，為什麼這可能是一個「市夢率」更大的市場？因為它更貼近人的器官、更占有人的時間，更遠的看未來，萬物互聯將會對策略咽喉再一次更新，比如說網路冰箱，已有公司能讓網路冰箱依據冰箱內的食物，替人們訂購新的食物，對過期食物示警，萬物互聯人類社會將進入一個全智慧時代，連結 + 智慧運算才能釋放更大的價值。然而，這些「策略咽喉」的演進，背後都是在強調誰與消費者連結得更緊，成功連結，消費者才有可能從「客戶」轉化為「用戶」，行銷才有可能實現持續交易的基礎，才有可能形成組合性的商業模式，形成鏈條式的盈利邏輯。

現在所謂提到的大數據，實際也就是建立在連結的基礎上產生的。大數據之前的「數據年代」，由於企業與企業之間、消費與消費者之間、消費者與企業之間的數據缺乏連結，數據的豐富度、複雜度、廣闊度遠遠小於大數據。而在連結，數據變成了個人、組織、社會可以追蹤的軌跡，可以量化的軌跡。凱文凱利（KK）提到過的量化生活（Quantified Self）的概念，所謂量化生活，簡單來說，就是利用技術和設備（如 Jawbone 推出的 Up 手環，以及蘋果推出的 iWatch）追蹤自己的情況，進行量化。KK 認為，未來幾乎所有你能想像到的事物都能追蹤和量化，你可以利用一個數位生命追蹤體系來記錄整個生命，創建屬於自己的生命圖表。而生命自身，也將成為一股時刻在線、不斷前行的生活流（Life Stream）。依據網路的進化，終有一天身邊所有的事物也將和手機一樣擁有互聯能力，連結這個性能將變成周圍一切事物的基礎屬性，就像今天的電流一樣，無處不在。連結思維是網際網路思維的「基本定律」，當我們回首網路歷史的時候，會發現網路讓人與人、人與物之間的連結更為便捷。微博縮短了人與媒體的連結，Google 縮短了人與資訊的連結，微信和 Facebook 縮短了人與人的連結，阿里巴巴和京東縮短了人與商品的連結。連結越多，企業的潛在價值就越大，正如「梅特卡夫」定律：v=n·n，即網路的價值，等於連結網路的節點總數的平方值。

# 09
# 中國製造的「第三條道路」：OJM

當前，大批的製造業客戶都面臨產能過剩、業務大幅下滑，尋找新的利潤成長點的策略情景。另外，相當多的外企客戶開始撤離在全球以「製造」為標籤的中國基地，無論是 adidas、星巴克，還有寶潔。其實歐美市場「返工業化」這個趨勢，從 2009 年就曾預測到，金融危機後我們曾建議一批中國製造企業，以集群的方式出走，在歐美一些區域設立基地。舉個例子：肯塔基州大部分工業園區的土地、水電成本比東莞還要低，這是大家可能很難想像的；最關鍵的，是在美國設廠生產，可以直接面向消費者銷售，極大縮短了分銷鏈，過去在中國生產要透過出口商、進口商、分銷商，最後到達零售實體店，70% 的利潤被分銷環節瓜分。在美國生產可以縮短分銷鏈，彌補產品成本的提高。

當然，不是所有的中國製造業都適合出走，或者擁有出走設廠的能力，那他們在現今的情景下應該怎麼辦？怎麼去做策略調整？以前很多人會提到，做 OBM，去培育自主品牌啊，或者進行產業鏈延伸，在「1+6」的產業鏈結構上向「6」這個環節去要利潤。可是羅馬不是一天建成的，出走建立通路，或者說華麗轉型為強勢品牌，不僅是一個時間函數，也需要企業能力做出一個指數級的變化，製造業不可能 3 ～ 5 年做出來一個德國「雙人」或者法國 LV。有沒有第三條路可以走？我覺得對大多數以 OEM 為主的製造企業來講，暫時不要去想做成 OBM，不要轉換為品牌輸出商，而「OJM」（Original Joint Manufacturer）或許是製造企業可以考慮的一個重要的策略方向。

縱觀發展，中國製造業經歷了由代工生產時代（OEM）向原始設計製造時代（ODM）的轉移，然而隨著中國企業研發水準的不斷提升，我們認為與委託代工企業的聯合研發（OJM）將成為未來新的發展趨勢，OEM—ODM—OBM（自主品牌時代）的演進環節中，需要有 OJM 來過渡（見圖 1-8）。也就是說——代理加工製造企業應該向產業鏈上游延伸，進入產品研發的核心技術領域，與委託代工企業聯合研發產品。道理很簡單，OBM 我們在前面說過，需要時間和核心能力的積累，而一個企業之所以有競爭優勢，按照麥可·波特的說法就是「形成有效的差異」，而什麼是「有效」？就是客戶認可，OJM 對於製造企業來講，最大的改變就是開始在原有「設計＋生產」的環節上介入客戶需求，去深度挖掘自身 B2B 客戶的需求，甚至某些企業能夠跳出直接客戶需求的局限，將需求研究再往前伸入一步，去挖掘客戶的客戶（B2B2C）的需求，透過對他們的需求的透徹理解，去指導自己產品研發與製造的方向，與下游客戶（B2B）形成一個「相互嵌入」的關係。

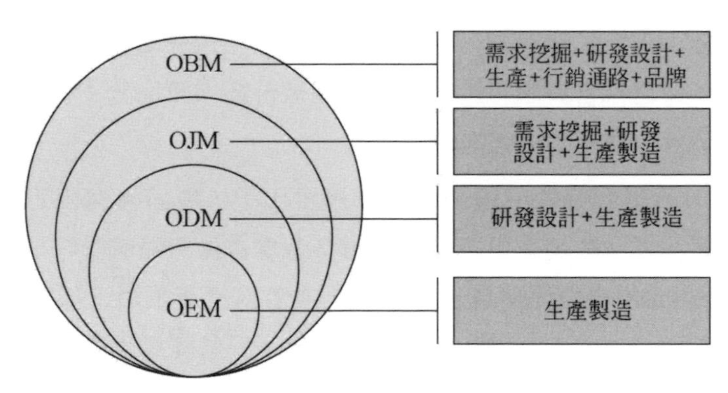


圖 1-8　中國製造企業轉型路徑圖

好孩子集團（Good Baby Group）創立於 1989 年，是世界兒童用品行業的重要成員之一，是中國規模最大的專業從事兒童用品的企業集團，也是中國製造中少數可以對沃爾瑪具備「議價」能力的公司，他在國際市場上擴張模式就是典型的 OJM 模式，在需求研究上能深入客戶（Users）的角度，使商品能呈現的種種奇思妙想，實現高附加價值。比如一張床，可以透過不同的變換，適應一個孩子從 0 ～ 18 歲的使用，其變化的過程如同堆積木一樣有趣。比如一款童車，推出去的時候是童車，而稍作變形，就會是一台在家裡可以玩的搖馬。在生產成本增高、通路又利潤倒逼的時候，他們又透過需求研究，將童車後端車臂由四根改成兩根，既方便客戶折疊童車，又將成本降低 20% 以上。

從好孩子公司的例子可以看到，OJM 本質是透過以「需求端」為突破口，改進整個製造鏈。OJM 涉足並掌握了一定程度的產品研發核心技術，產業附加值高。ODM 階段的研發設計並未涉及引領者的關鍵核心技術領域，而 OJM 階段的研發設計已延展到引領者的核心技術領域，並與引領者聯合研發產品。OJM 模式下為客戶提供的不僅是產品，還包括依託於產品的系統解決方案和專業化服務，並根據客戶的不同需求，制定個性化解決方案，從而為客戶提供更大範圍的、系統的問題解決方案，進而使企業能從純粹的「無差異製造」中脫離出來，形成自己的競爭優勢，這或許是中國製造業在科技升級、品牌驅動之外的「第三條道路」。

# 第二篇

# 數位時代，重構行銷策略

## 篇頭導讀

當前的世界進入了一個「數位化的社會」，這輪從基礎設施到社會心理的變革，發生在美國、歐洲，也同時發生在中國甚至是非洲大陸，於是「數位化轉型」的概念被拋出，很多企業迫切需要找到和網路結合的方式，網際網路、行動網路最大的特質是實現「人與物、人與資訊、人與人」之間的「連結」，在連結中如何思考策略的變化，在連結中進化行銷的功能，在連結中擁抱新的科技工具與數據思維，是擺在每個行銷高管和 CEO 大腦中的問題，也是 CMO 升級 CGO 所面臨的核心挑戰。

在這樣一個數位化的時代，很難想像行銷領袖不懂競爭策略，否則 CMO 真的變成了「花錢總監」。當然也沒有哪家企業的 CEO 或者 CMO、CSO 會宣稱自己沒有策略，哪怕他們把經營計劃、規劃文件等同於策略，所以我們必須清楚在數位時代，如何判定行銷策略是「好策略」還是「壞策略」。另外，正如我在上一篇中提到的，行銷作為市場策略，變成了數位時代下公司策略的核心。因此，我們能夠看到，行銷的產品定位上升到企業定位，從業務品牌上升到公司品牌，從通路變革上升到商業模式的改造，從品牌資產上升到客戶資產的管理。行銷已作為企業最重要的市場驅動力，和 CEO 策略變革的核心引擎。這也是科特勒的另一位合夥人——赫馬溫博士，勸服印尼總統贊助在峇里島建立世界上第一個行銷博物館的原因，行銷的策略功能和社會功能在指數級放大。

行銷需要重構，從策略上重構，正如 CGO 對 CMO 的重構。所以本篇收錄了在華章經管課堂和中歐工商管理學院的演講錄，談到我提出的數位行銷策略 4R 模式，談到整個數位化轉型的核心是市場策略轉型，並提出市場策略轉型的金字塔，從頂層設計到實施藍圖。同時，基於我擔任某家巨頭網路公司顧問的實踐，重構 50 年前的「定位理論」，很難想像一個商業理論 50 年不升級。本篇中也談到了我提出的「小眾行銷策略」實施框架，對於資源有限的企業，這是聚焦策略最好的實施工具之一。

行銷需要重構，重構後 CGO 會真正以行銷為核心，全景規劃與管理公司業務的成長。在談很多「變局」的背景下，我又必須重提我的導師菲利普·科特勒的一句話——「需求管理永遠是行銷核心中的核心，忘記本源，忘記目的，再多的技術、再多的數據也是無用的輸入。」因此，閱讀此篇時，再讀一遍上一篇〈行銷的本質：從霍爾拜因密碼到盲人摸象〉吧，本質是策略不變的核心，思維、方法、工具則可以重構。

# 01
# 4R 顛覆，開啟你的數位行銷策略新思維

重構三個案例操刀

我先抛出三個問題：假如你是以下三家企業的操盤者，在數位時代，行銷策略的做法會有什麼樣的顛覆性的變化，市場策略應該如何重新設計和重構？

第一，雪花啤酒。我們 2004 年給雪花做顧問，當時協助華潤從併購的 100 多個啤酒品牌中要選一個品牌做成中國領頭，可以抗衡青島、燕京。寧高寧請我們幫助設計行銷策略，最後我們一起選了雪花這個地方品牌，從 30 億元做到去年 380 億元，當時最重要的策略入口在哪呢？在於找到新增市場，透過重新細分、目標市場選擇、定位來重構行銷策略，我們三個分隊的顧問去中國六大城市做市場調查，去研究市場機會的突破口在哪。最後決定模仿 1970 年代，百事可樂打可口可樂所用的策略核心：抓住新一代，即 new generation　choice，「新一代的選擇」，細分到年輕人的市場，定位暢享成長。堅持 13 年，雪花成了世界最大的啤酒品牌。如果歷史重演，今天我會怎麼操盤？在數位時代可能玩法完全不一樣了，我去阿里的後台看，非常清楚，把人群標籤按照不同的組合顯示，基於數據標籤構成的形象，我能夠看到行為數據折射的成長點在什麼地方，能清楚看到，年輕人網購的啤酒品類到底有什麼不一樣，口味、酒精度、品牌，所以消費者行為已經被位元化，一覽無餘，就像以上帝視角看世界。這是傳統廠商完全看不到的，這叫種子型機會。如果你能拿到並能分析這個數

據，你能夠早別人 3 ～ 5 年先併購這個品牌，這叫數據 + 品牌 + 人群的併購。在傳統時代，這是你是完全想不到的，因為你的行為沒有被位元化。

第二，親子產品。假設你是 Dumex 的操盤者，你如何識別出你的消費者？以前，是在親子網站識別，當年蘇寧紅孩子還在醫院發傳單，但這些都是滯後行為，或者都是紅海的血拼。現在有沒有其他辦法？至少我們看到 Target，能用數據來預測，什麼樣的人是孕婦，透過數據建模能夠從微小的行為中推出大趨勢。當然，Target 只是識別客戶的一種方法，還有沒有其他方法？我告訴你，還有非常多，比如透過數位地理圍欄，把描點設置在婦幼醫院，可以透過地理位置來識別，甚至利用追溯型的數據，顯示這是她第幾次去醫院。還透過掃描 APP 列表，比如典型的可以識別婦嬰階段特質的 APP，如美柚孕期、胎教盒子等來判斷孕婦的週期。當然還有更絕的，你還可以與生理期 APP 進行合作，進行資料探勘。我們可以接著這個案例再往下深掘一下，今天很多快消品流行做「定位策略」，我且不問你如何判斷你的定位是否正確，只問如何檢測到你投入的市場活動，契合和真正回歸到你的定位了嗎？否則你如何衡量你的錢是否白花了，像叫計程車，一天市場的費用可能就 1000 萬元。以前做年度檢測？這叫事後，太慢了，現在完全可以用社群聆聽（Social Listening）隨時把結構化的、非結構化的各種消費者反饋數據化，將數據視覺化為定位，能夠看到每週你想要的定位和客戶認為的定位之間到底是接近了，還是遠離了。

第三，假如你是迪士尼的市場操盤者，你如何改進你的客戶體驗？尤其是數位時代的客戶體驗，傳統時代叫做品牌或者行銷接觸點管理，星巴克也是這個做法，將消費者進入迪士尼的所有動線隨著體驗和情緒的起伏，用圖像視覺化，然後對每個接觸點改善。數位時代，這種體驗可以怎麼管理？迪士尼花了一億，在研究推出數據手環。你所有的動線、消費、等待時間都可以被追蹤、被數據化，這樣對改善體驗非常有幫助，以前只能簡單統計人流，現在可以非常精確地識別形象，喜歡什麼樣的場館，停留多久，他們的消費習慣是什麼，甚至手環中放入的感測器可以度量你的情緒起伏，一切都走向了「量化的自我」。另外手環變成一個窗口，未來還可以展開很多衍生產品。這就是我們後面行銷 4R 中提到的，如何設計數位化獲得收益與回報（Return）。

以上三個用數位化重構的案例我先放這。我們進入問題，依據問題來推導本質。這樣還原到案例，才不是個案。我們還原到一個更大的背景去理解這個問題：實體時代和數位時代。

我是諮詢顧問背景，諮詢顧問是問題導向，所以首先我們從問題出發：今天企業界最熱門的問題是什麼？網路轉型、數位化轉型。但是對不起，大量的方法論和理論並不解 CEO 和高管的渴。我把這個「三千年之變局」的數位商業時代，不同的人提供的網路轉型的方法論大致分為兩種，然後我要提出第三種：第一種叫做思維型解決方案，典型的就是這幾年流行的網路思維，如平台化、簡單、專注、連結，比如說用戶導向，它能夠解釋一部分原理，但是 CEO 要應用？應用的路線圖在哪呢？第二種，我稱為網路工具型，比如談到數位化轉型，就談 IT 系統、CRM 系統如何轉化升級，資料應該如何搭建、微信行銷怎麼做、微博行銷怎麼做、正如批判的武器不能代表武器的批判，再快再鋒利的小李飛刀也替代不了孫子兵法。CEO、高管，尤其是中大型企業的高管，需要模式、路徑、實施藍圖。這就是我想提出來的第三條路徑，從頂層設計到實施藍圖的解決方案，我們把數位化時代的轉型模式，更聚焦一點，談市場策略轉型的 4R 模式，也將其稱為數位行銷策略 4R。我這幾年在全球參與了很多數位行銷高峰會，很失望，目前的數位行銷停留在戰術層面，比如數據的媒體投放、DSP、DMP、社群管理之類，公司缺乏一個自上而下系統的、策略的數位化市場轉型的頂層設計。這個困境正像 50 年前，行銷學的發展已經有定價、通路、促銷、行銷組合等各項研究，但是菲利普· 科特勒將其上升到 CEO、高管看待市場策略的高度，重新定義了行銷，我師從菲利普· 科特勒，所以也有這個野心和努力，重構數位時代的行銷。從大歷史看，本質上只有兩個時代：實體時代和數位時代，也可以叫做原子時代和位元時代。從五年前開始，第二個時代正在向未來二十年展開畫卷，未來誰主沉浮？

下面我想談三個問題，第一，如何用策略的眼光洞察數位顛覆時代的機會；第二，數位化轉型頂層設計金字塔是什麼；第三，4R 的數位行銷策略新模式。

（1）用策略眼光洞察數位顛覆時代的機會。

我想從幾個層面可以看到數位時代的顛覆性。

第一，在數位版圖上各國企業實力的重構的機會。目前數位時代企業的網路化，只剩下兩個核心國家，我把它們叫做數位 G2，即中國和美國，這個數位時代的核心玩家已經沒有歐洲企業、日本企業了。從 2016 年 9 月的數據來看，全球現在網路領域市值最高的前十名企業，中美平分天下，全球前 15 大網路公司市值，20 年成長了 180 倍。2004—2016 年，騰訊的股票翻了 170 倍，複合成長率 19%。可以看到，這個數位時代已經沒有日本、歐洲了。同樣，在哈佛商學院論壇會議上，美國企業談及零售行業的數據化轉型，引用最多的例子就是中國的數位 O2O、數位接觸點的快速支付，甚至哈佛商學院的副院長還學習使用微信，這些是二十年前、十年前所想不到的。在數位時代，中國企業碰到了最好的機遇。

第二，跨界顛覆與指數發展的機會。目前的企業其實可以分為：成長黑洞型、幾何成長型、指數成長型，「餓了麼」這家公司 2009 年成立，現在日交易額破 2 億元人民幣。數位時代最大的特點在於「指數級發展」，跨界顛覆不斷興起，Uber 市值超過了 700 億美元，這是一個什麼概念？三大汽車公司市值最高也就是 600 億美元，等於用三年時間，做掉了一家 100 年的基業長青企業。這種指數發展的特質，在於銷售額與市場份額成長是跳躍的，但是成本是水準成長，甚至是減少。同樣在酒店行業的 Airbnb，估值高達 255 億美元，萬豪和喜達屋合併都比不過 airbnb，所以在數位時代，少談基業長青，那已經成為科幻小說了，我們談顛覆。

第三，重新定義企業的機會。傳統的劃分方式已經過時了，我今天問你究竟從事的是什麼行業，已經很難定義。這裡我提出另一種劃分，在數位化浪潮下，未來只有三種企業：第一種我將其稱為「原生型數位公司」，典型的就是 BAT、Google、亞馬遜、Facebook 等。這類公司第一天生出來就是網路形態，就有數據累積，未來就可以依據大數據積累往人工智慧進化；第二種我將其稱為「再生型數位公司」，這類公司包括蘋果、共享單車、小米等，這些公司的特點是本來這個行業是傳統業務，但是創始人將其網路化、數位化，使這些公司具有後天數位化特點，當然這些公司的估值比同類的傳統企業高十倍、甚至百倍不止；最後一類叫做傳統公司。

今天，我想講過去的經驗錯了，現有的也錯了。在今天，用過去的商業經驗會發生錯誤，比如 500 強公司以前在操作實踐中總結說「公司必須守住核心業務」，現在看來需要重思。像 uber 推出了 uber eat，可以用 uber 點餐；亞馬遜從電商進入了雲端儲存、雲端運算領域，傳統的核心聚集理論是不是不靈了？還有，傳統的商業經驗告訴我們要「傾聽客戶的聲音」，10 年前賈伯斯說蘋果從不做市場調查，應該定義給客戶帶領，而不是傾聽他們，確實，大量的市場研究公司重複在做一件事，我把它叫做「老虎不吃草」，做的東西價值感缺乏。

過去的經驗告訴我們要做「競爭對手對標」，但今天這個時代，中國企業找誰去對標？寶潔嗎？他們也碰到數位化轉型的問題。還有，對完標後是不是要複製他們的強項？很有可能你在跟隨的時候，會丟失自己的特色。所以我常常講一個「逆向品牌原理」，正如 Google 搜尋上打敗雅虎，很重要一個品牌體驗就是把頁面上的新聞全部去掉。還有很多傳說，比如策略先行、市場份額是最重要的，這些在數位時代，都面臨巨大的挑戰。

還有，今天有個很熱門的詞語叫做「定位」，定位的核心是要建立品類心理的第一。很多企業家應用這個理論改造自己的品牌，前幾天有一個網路 O2O 超級巨頭請我過去談這類項目，我直接說，傳統定位的模式完全需要更新，你無法想像一個 50 年前的東西今天不升級，打個比方：按照傳統定位理論，你沒辦法看到 uber 推出 ubereat，餓了麼、美團不斷從原有外賣進入下午茶、鮮花配送和到家服務，Google 的延伸邊界更大，你定位如何解釋？「定位」也要升級，所以我提出定位在數位時代應該立體化，策略定位應該包括：商業模式定位、生態圈定位、品牌心理定位、品牌話語體系定位四項。網路公司或者在做網路＋轉型的公司，沒有清晰的商業模式和生態圈定位，即使品牌做出定位，也是南轅北轍。

我們再看，馬雲提出了新零售的概念，我前幾天去見一個朋友，他剛見完阿里的 CEO 張勇，阿里和百聯合作提出了「新零售」的概念，我這個朋友問張勇，到底什麼是新零售，張勇說：邊做邊看，我也不知道，所以才叫新，才叫新零售，這叫做摸著石頭過河。當然，我也提出一個解答，處理的思路是一個典型的諮詢顧問的思路：新零售不能籠統地談，可以分為五種：第一種是傳統的零售商，比如歐尚、家樂福，包括萬達，他們實際提供的是一個賣場，或者叫做「航空港」，這種轉型的核心是把 showingroom 變成實體與網路合一的企業，優化你的品類，減少你的無效規模，增加體驗性活動；第二種是品牌零售商，比如星巴克、ZARA、李寧，當然他們也細分成有經銷加盟商和沒有經銷加盟商，這兩者完全不同，有經銷商要注意如何管理實體跟網路的衝突，比如我替臺灣櫻花做顧問，線上發展後會對實體的加盟商有很大衝擊，這個時候很關鍵的一點，在於設計一套激勵系統，讓實體客戶哪怕線上訂單，也能依據他的區域將收入貢獻給加盟商，讓加盟商服務好客戶，這非常關鍵。而另一種沒有經銷商的品牌零售商，比如 ZARA、Uniqlo，他們不做加盟，他們能很好地實現 O2O，或者今天我們叫做 O+O 的體驗；第三種是服務體驗型零售商，比如之前我們提到的迪士尼，它是體驗型樂園，它可以依賴線上延伸他的產品與體驗，比如線上遊戲，透過 VR\AR 讓體驗無處不在，增加其他線上的體驗性產品；第四種是電子商務進入實體，如去年亞馬遜開實體店；第五種是單一產品，像啤酒，後面我們會舉我們一個顧問操刀的案例。每一種如果要新零售，結合數位背景，玩法都是不一樣的。我是一個策略顧問，我從來一品一案，操刀才會有殺傷力。模糊的語言只能反映模糊的大腦。所以，我一直感覺，在數位 時代，過去的經驗值得深思，現在提出的假設也值得深思。

（2）科特勒數位化轉型金字塔。

現在談數位化轉型，可以從組織談、可以從企業文化談，但是真正最應用是市場策略、是行銷。為什麼？因為市場策略和行銷直接定義了客戶與企業的接觸面。其他的轉型模式都是來支持客戶體驗和客戶價值的。

從 CEO 層面看，我將數位時代的行銷策略比作一個金字塔（見圖 2-1），分為上中下三層，最上層是董事會與公司高層要決策的，即數位市場的進入策略，這是一個典型的以市場為導向的策略決策，公司要不要進入和擁抱數位網路，如果擁抱，有哪些核心的業務模式轉型？有沒有可能以數位連結為基礎，形成一套新的業務商業模式？如果要實現，如何避免與傳統模式與業務的衝突？在這裡，我總結了五種路徑。它們是：共享式重構市場、產品 / 服務成果化重構市場、去中介化重構市場、平台式重構市場和生態式重構市場。

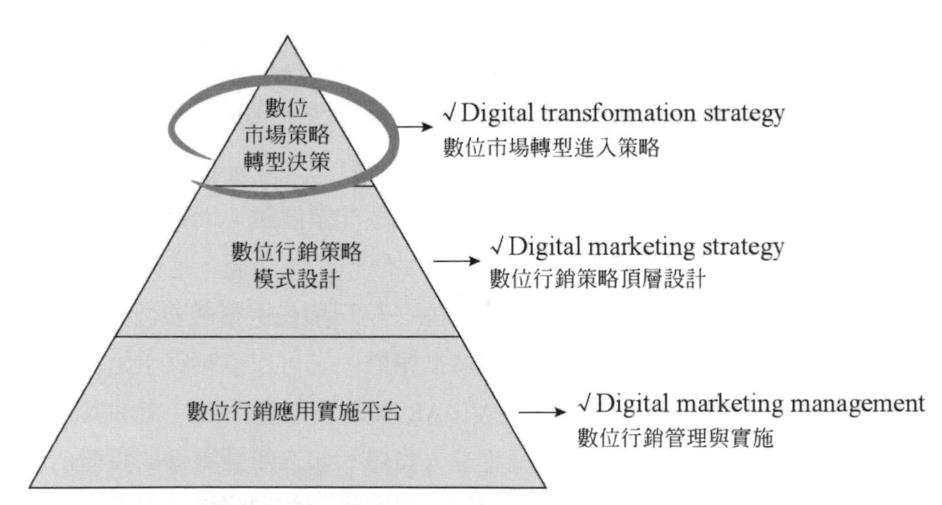


圖 2-1　科特勒：基於市場策略的數位化轉型框架

第一個共享重構，比如 Jetshare 對私人飛機共享，yardclub 對工程機械共享，我一個同學創立了優客工場做共享辦公，還有共享技能、共享金融。顛覆者有效利用和分享他人閒置的資源，創造價值與滿足客戶需求，從而獲取回報。作為顧問，我就想問你了，你的行業業務可以共享嗎？

第二個產品 / 服務成果化重構市場。什麼意思？顛覆者利用網路使資產智慧化，或者為資產提供基於使用的雲端服務。比如 NIKE 現在已經成了最大的運動社交數據公司之一，美國也推出按照治療效果付費的藥物，透過感測器監測你的病情，個性化用藥；巴塞羅那搞了一個「為笑埋單」俱樂部，啟用了面部表情識別技術，衡量觀眾對演出的喜愛程度，每個座位後面裝了一個計算機，計算每個觀眾笑了多少次，觀眾每笑一次只需支付 0.3 歐元，封頂 24 歐元，俱樂部因此收入成長了 25%。作為顧問，我就想問你了，你的行業業務可以共享嗎？

第三個是去中介化。這個內容我提到過很多次。舉一個有意思的案例：我的一位前同事出來創業，投資了一個酒業公司，大家知道，酒水這個行業，核心策略咽喉兩個點：一個是品牌營運的能力；另一個是通路實體店的操控力。但是個實體店的推廣費用，比如餐飲場所，很多費用實際上被各個環節吃掉了，造成了實體店投入的費用根本沒造成應該造成的效果。因此他設計了一個 APP，將每個服務生掃進去，每推出一瓶酒，紅包直接透過 APP 返還服務生。做了一個季度之後，收穫三個效果：第一，原有的仲介環節截留不了推廣費了；第二，一萬多個促銷人員直接用 APP 紅包刺激，一個 APP 全部管起來；第三，每掃一次後台，能看到即時更新的數據，就能迅速調整通路投放策略與資源。作為顧問，我想問你：你的行業業務可以去中介化嗎？

第四個是平台化重構市場，平台市場以前很多是 B2B、B2C 或者 C2C，現在 C2B 很關鍵，我看網路 O2O 的外賣市場，美團和「餓了麼」在實體店發生衝突，你要熟悉美國行銷史的話，這個故事在 50 年前百事和可口可樂的實體店就在重演，因為資源和品牌太雷同了，沒有差異，當然就是實體店血海，但是你會發現這個外賣市場還是有機會，至少有一點，我在上海從來沒吃過我認為好吃的早餐，這些是可以 C2B 的，我週一選乾麵，週二選米粉，我有沒有可能提前把一週的餐點選好，這樣也提前鎖定了客戶的錢包，另外，廚師資源肯定是差異化，我可以與外賣當中的一家簽獨家協議，再透過 C2B 平台化，就能形成資源上的差異。

第五個是生態化重構市場，生態型策略這個概念現在講了很多，但是有一個關鍵定位在於，你業務的邊界到底在哪。樂視今天就碰到這個問題，當你說你自己什麼都能做的時候，你最終什麼也做不了，企業家講求做事的邏輯，否則策略就變成了神話故事。

(3) 用 4R 替代 4P：數位行銷策略新模式。

數位化轉型的第二層，也是核心層，我們把它叫做「數位行銷策略模式」，即我提出的「數位市場策略 4R 模式」，包括數位客戶形象與識別、數位觸及與到達、數位建立持續交易基礎、用數位實現回報，每個模組的第一個英文字母都是 R，總結起來就是數位 4R，它非常適合企業市場高層、業主、管理人員構建自身的系統策略。最後一層是「數位行銷實施層」，包括數位行銷的工具、組織、ROI 考核。從上到下，構建出一個策略到實施的閉環系統。這一套策略和阿里的數位行銷方法論非常吻合，阿里最新在電商上涉及的品銷合一、品牌雷達、一夜霸屏、統一 ID 高度，與科特勒諮詢提出的 4R 吻合。可以預見，作為市場行銷服務商，包括 BAT，在數據時代，都會圍繞 4R 建立自身的數位核心能力，以及外部併購，形成價值創造的閉環，所以 4R 是核心。

我是試圖想用 4R 來取代傳統的 4P（見圖 2-2）。

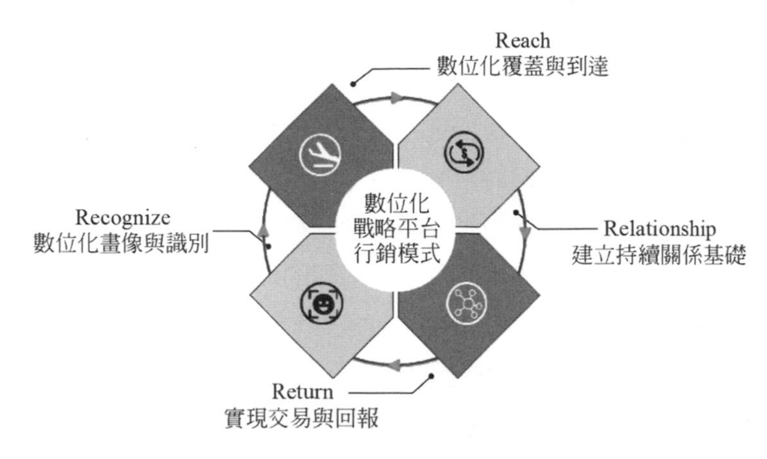


圖 2-2 用 4R 取代 4P：新的行銷思維模式

Recognize 是第一步，前數位化時代，我們主要談的是目標消費者的整體分析，大多透過樣本推測與定性研究，而數位化時代最大的變化，在於可以透過大數據追蹤消費者的網路行為，如對 Cookie 的追蹤、SDK 對行動數位行為的追蹤、支付數據對購物偏好的追蹤，這些為追蹤的打通可以形成大數據的用戶形象，這些技術手段與行銷思維的融合是數位時代最大的變化；

我用一個案例來闡述第一個 R，數位化形象與識別。我舉一個零售的案例，以前商業房地產都不願讓客戶使用 WiFi，現在為什麼變了？非常願意讓你進入，全世界各大機場也是免費，因為這裡面可以延伸出無限的商機。無線 wifi 熱點首先使企業可以免費了解到消費者在店內的移動路線——了解到消費者的準確位置。我們可以把行動設備想像成你身體的一部分，無線網路伺服器相當於一雙眼睛，你知道每個智慧型手機都有一個唯一的 MAC 位址，形象點說好比是人的身分證，所以無線 wifi 熱點可以單獨識別每個人的身分。由於無線網路的伺服器可以查到消費者智慧型手機的 MAC 位址，這樣就可以幫助企業對不同消費者進行區分，了解每一個特定消費者的來店頻率如何，主要購物區域在哪，在各個區域停留時間等，這為企業在展台的布置、展品的擺放等方面提供了相當多的資訊。這些問題都可以幫助企業建立顧客資訊的「大數據」，就可以更好地分析、設計和布置。而且，這個過程中還能讓企業了解到底哪些商品成為「Showingroom 的犧牲品」，比如逛完街後啟動購物 APP，這可以被追蹤。在免費收集消費者資訊的同時，商家將這些資訊和消費者的購買資訊、會員卡連結，這樣就可以有效地了解消費者個體的特徵、品牌偏好、消費水準等資訊，對於未來針對不同客戶推送不同的促銷廣告、兌換券提供了堅實、有效的基礎。它還可以和 Google 地圖合作，為消費者提供店內地圖，讓消費者更容易找到自己喜歡的品牌。

馬雲提出的新零售非常熱門，那我再講一個新零售的案例。PARAD 開始在每個貨架後面放有感知器（Perceptron），能夠測出這件衣服多少人試穿、拿出去多少，這些數據能夠迅速按照天，甚至是小時判別問題，如試用率很高但購買率低，背後存在什麼問題，是衣服設計的問題，還是價格的問題？可以依據行為數據進一步往下推測，找到原因，動態改善。

數位化識別最好能夠打通 ID，也就是打通用戶在網路上、甚至是線上與實體店識別身分，由於手機的 MAC 位址不一樣，還有一些統一的識別標籤，如身分證、手機，完成這種打通存在可能，這也是阿里建設數據銀行，打造 unify ID 的原因。

Reach 是第二步，即數位化觸及與到達，也是絕大多數參與數位行銷遊戲企業實施的一步，以前的觸達消費者的手段在數位時代發生了變化，如 AR、VR、社群媒體、APP、搜尋，智慧推薦，O2O、DSP 等各種觸達手段，是前數位時代完全不具備的，那如何在基於消費者形象，實施觸達很關鍵。這裡面有很多種數位技術可以來實現，尤其是基於精準形象的基礎上。

B2B 企業很典型的有 SEO，諾華公司在總過透過 SEO，45 天內指定幾個關鍵詞的首頁排名、流量提升 20% 以上。我周邊還有一個朋友針對 B2B 企業，做出一套市場與銷售對接的系統，所有市場部組織的展會論壇，參加的客戶全部打通線上與實體店 ID，只要這個客戶的 ID 被採集，他上網搜尋和閱讀你們公司的服務產品、白皮書和聯繫方式時，它設計的行銷後台可以計分，判斷客戶對公司感興趣程度，達到一定分數累積後，線索就自動轉換到銷售部門，告知銷售部門這是有效訂單，轉化率達到 90%。Reach 數位化達到與觸及方式很多，我提一種反覆測試型觸及，比如有個感冒藥在阿里平台上投數位化廣告，可以先投出一個測試部分，透過觀看哪些客戶點擊、哪些客戶購買，去反向追蹤這些的客戶的特質，塑造客戶形象，然後重新修正並進行投放。當然，還有從社交圖譜中抓出 KOL 關鍵意見領袖的投放、基於情境的投放，基於 IP 的投放等各種方法。

Relationship 是第三步，它應該作為 Reach 的後續步驟，因為我們發現，僅僅做完前兩個 R，並非能保證數位行銷的有效性，因為之上只解決了瞄準、觸達的問題，沒有解決如何轉化客戶資產，這其中最關鍵的一步在於你的數位行銷「是否建立了持續交易的基礎」，而很多社群的建立，可以保證企業在「去中介化」的情境中與客戶直接更深度的聯繫、互動，參與；這也是目前提到的企業 2.0 形態。我再問你一個問題：如果你是一個化妝品公司，你今天怎麼實施新零售策略？巴黎萊雅的千妝魔鏡也是一個典型的例子，這個案例的核心在於構建持續交易基礎的數位化案例。千妝魔鏡是巴黎萊雅推出的一款 APP，首先，這個 APP 會拍攝用戶的臉部照片，對其進行 60 多種特性分析，然後向用戶展示不同產品和臉部陰影產生的不同妝容。用戶可以選擇自己中意的搭配，立即線上下單，或到實體店取貨。這款 APP 能夠記錄用戶的使用方法和購買的產品，進而了解用戶偏好，並基於相似用戶的選擇智慧推薦。這一個應用型的工具承擔了資料採集、客戶社群管理、產品智慧推薦多種數位化策略的功能，千妝魔鏡的 APP 已經擁有超過 1400 萬用戶，它成為企業和用戶互動的品牌管道，蒐集用戶互動資訊的平台，也是企業至關重要的資產。

最後一個是 R4，我把它叫做 Return，即數位化來贏取回報，是指用數據技術和利用刺激客戶進行交易，或將其回報在其他維度來實現。比如，在構建社群之後，透過群眾募資、群眾創新、群眾推薦，這些都是把社群、關係變現的策略。現在矽谷又提出駭客成長的概念，即用數據監測每一個客戶進入的頁面，找到網路平台可以優化的點，一步一步引導客戶成交。邏輯思維現在變現的方式一方面是廣告；另一方面是他的新產品得到，據說薛兆豐的經濟學課一上線，第一天就賣了 250 萬元人民幣，透過專家的語音來將大的用戶量用收費的方式變現。這裡我提出一個很關鍵的概念，叫做支付時刻（Pay Moment），要找到用戶與你交易過程中最容易成交的場景，你就非常容易將客戶轉化成利潤。以叫車軟體為例，我去他們的後台看過，用資料研究可以推算出很多消費者關鍵的「高溢價支付點」，什麼意思？就是說在某種情境下他更願意付錢，當然天氣、供求關係是一些典型的情境，但在後台的數據中，我們看到另一個有趣的現象：當用戶的手機電池低於 3% 的情境下，他比平常更快也更願意馬上加價。這些數據監測到的行為都可以幫助企業更好的實現並管理利潤。還有，前幾年房地產業開始推廣「全民經濟人」的策略，透過在 APP 上註冊，可以成為房地產公司的銷售代理通路，轉接客戶如果成功交易，全民經紀人可以提點，大大發揮了目標行銷與刺激的作用。

以上 4 個 R 形成一個操作循環，非常適合 CEO 和 CMO 來理解、應用、實施，反饋。你可以診斷自己的企業，到底在哪個 R 上出現了問題。我去年去臺灣，有個 MIT 的朋友投資了一家電商玫瑰精油企業叫做 peoplefish，我們在交談他在經營中碰到的問題，我驚訝地發現：他的用戶忠誠度非常高，在 Facebook 的產品社群中只有 1 萬個粉絲，但是有 85% 左右與這家企業達成過交易，並且忠誠度達到 90%，意味著一年內的重複購買率比較高。這個情況是典型的 R3，即持續交易做得非常好。那如果這家企業要擴大規模，很重要的發力點就在 R2，即不斷增強與消費者接觸的場景，進行數位連結與廣告投放；還有我看到另外一家企業在網際網路上投了大量的數位廣告，但是轉化率很低，這裡面可能有很多問題，但其中有一個核心問題就是缺乏 R1，即數位化的用戶形象識別，比如前段時間網路上有個報告，談及凱迪拉克、賓士與 BMW 的車主行為習慣不一樣，這些數位化記錄的行為習慣，能夠幫助企業進行準確的目標定位。另外還有一種情境，即前三個 R 都做得很好了，但是就是沒有轉換成利潤，這就是說 R4（Return）沒有做好，企業可以設計很多方式來刺激轉換為利潤，比如電商中有收藏夾，企業可以用數據生成個性化的限時折扣券，刺激消費者迅速成交。

最後我還談一個就是行銷技術，我每年去美國參加 Marketing tech 大會，會看到很多不同的行銷數據技術公司，他們有很好的工具，但目前最關鍵的，還是依據企業原有行銷要實現的功能整合，基於策略目的來整合，基於我提到的 4R 來整合，工具服務於策略。

最後我想說，未來的企業要變成四種模式的公司：第一，一個連結型的公司；第二，一個社群型的公司；第三，一個互動型的公司；第四，一個數據型的公司。這就是數位化整體轉型的方向。

# 02 數位行銷 +：數位時代行銷策略的轉型方法論

大約從五年前開始，我注意到菲利普· 科特勒在全球各地給 500 強的高管授課時，開頭和結尾總是引用同樣的兩張幻燈片，第一張叫做「市場變得比市場行銷更快（Market changes faster than Marketing）」，最後一張叫做「如果五年內你還用同樣的方式做生意，你將要關門大吉（Within five years. If you're in the same business you are in now， you're going to be out of business）」。所言不虛，五年後，很多企業已經在數位化時代喪失了競爭優勢，被逐出了利潤區，新行銷方式對原有的行銷模式進行了升級甚至是顛覆，在這個數位化的時代，原有的市場標竿型企業已無當年奪目鋒芒，甚至連傳統時代的「消費品行銷之王」寶潔，也面臨著創新者的窘境。

## 1．數位時代 CEO 和 CMO 的行銷轉型困惑

在近期科特勒諮詢（KMG）的一項針對 CEO 和 CMO 的調查顯示，81% 的企業認為數位行銷是自身數位化轉型的關鍵；68% 的企業宣稱自己無系統數位行銷策略，更重要的是，58% 的企業宣稱數位行銷績效沒有達到預期效果，如同策略大師理查· 魯梅爾特在《好策略、壞策略》一書中說，也許沒人會否認自己不擁有策略，但是你的策略卻未必是好策略。當我們深入與諸多企業的行銷決策層進行交流的時候，發現問題背後的問題出在策略思維的缺失，或者稱為「好策略思維」的缺失。

數位行銷絕對不是微信、微博、Facebook、DSP、LBS 等各種行銷

工具的低維組合和幾何疊加，正如人類戰爭史以來槍炮從來是領軍將相的「器物」一樣，更為上者乃為「兵法」，從春秋時代孫子的《孫子兵法》到普魯士時代馮·克勞塞維茨的《戰爭論》，中西皆如此。

根據我們的諮詢經驗，CEO、CMO 和其他企業高管考慮的問題和困惑如下：

- **數位行銷如何與公司的互聯網+策略相結合？數位行銷策略在整體數位策略中發揮何種功能？**
- **數位行銷策略究竟解決的是品牌與通路的升級問題，還是整個行銷模式的顛覆？**
- **和傳統行銷相比，數位行銷在行銷的策略環節上，究竟哪些變了，哪些沒有變？**
- **行銷如何和數據進行結合，應在哪些維度上結合？**
- **數位時代品牌應該如何建立？有沒有高速有效的「快品牌」方式？**
- **是否要建立新的行銷組織，如果是，如何建？如何與傳統的職能有效融合？**
- **數位行銷號稱ROI可追蹤，那作為高管應該如何衡量數位行銷的績效呢？**

## 2·數位時代行銷的「變」與「不變」

問題是最好的養分。以企業高管面臨的問題為導向，結合我們在諮詢中總結的大量實踐以及反饋，我們試圖從系統理論到工具去架構出數位時代行銷策略升級的整體操作方法，從樹木到森林、從路線到藍圖。

首先讓問題回歸本質，我認為無論行銷如何變化，行銷策略的本質有三點核心是不變的，即：需求管理、建立差異化價值和建立持續交易的基礎。無論在傳統時代還是數位時代，這三點都是行銷策略或者市場策略的功能指向點。需求管理的核心是作為「較少彈性」的企業對「不斷變化」的市場的根源——需求的不確定性進行有效控制和導引，正如寶潔一百年來不變地專注於洞察與挖掘消費者本質需求。而建立差異化價值，指的是如同 Seth Godin 所說的「紫牛」一般，建立起區隔性、差異性的優勢，從而從競爭者中脫穎而出，這也是 Intel 要做要素品牌（B2B2C Branding），去建立「Intel inside」的根源。持續交易的基礎是行銷可持續性的核心，同時利用創新性且不斷升級的軟體、硬體、服務和社群來持續「黏」住用戶的 Apple，便是很好的例子。

在確定不變的基礎上，我們再來談「變」，或者說談「變化中核心的核心」，從工具層面，也許大家都用了類似的工具，然而做出來的結果卻天壤之別，很多情況下是因為使用這些數位工具時沒有指向「本質」。我認為以下五點可以判斷此行銷策略是否真正實現了「數位化」，它們是：連結（Connection）、消費者位元化（Bit-Consumer）、數據說話（Data Talking）、參與（Engagement）和動態改進（Dynamic Improvement）。網路使人與人、人與產品、人與資訊可以實現「瞬連」和「續連」，這種高度連結產生了可以追蹤到的數據軌跡，使消費者被位元化，行銷的每個環節可以用數據來說話，並在連結中實現消費者的參與，實現企業的動態改進。這一切的一切，都是前數位時代無法想像的。

以上五個要素拼合在一起，我們可以說數位時代的行銷，真正可以實現「貫穿式顧客價值管理」（Synchronizing Customer Value Management，SCVM）。SCVM 是繼 CRM 之後的革命性行銷典範。它的核心理念是：基於顧客全生命週期，協同組織各部門實現閉環式客戶價值管理和增值管理。在數位時代，由於客戶消費場景化，通路多元融合化，服務和產品一體化，品牌傳播即時化，因此企業就必須打通研發、行銷、銷售和服務，以顧客價值為核心帶動公司的銷售收入和利潤成長。其中，關於顧客的全方面洞察和全生命週期管理成為關鍵，而獲得更多優質客戶，提升顧客錢包份額，提升顧客終生價值就是實現業績成長的具體手段。

過去，企業關於顧客的行銷決策和數據是分散在各個品牌單位、通路部門和區域行銷機構，企業缺乏集中的數據管理和全方位的顧客視角，導致企業無法深入顧客洞察，提升顧客終生價值，提升顧客錢包份額，實現交叉銷售和向上銷售。如今，SCVM 解決了這些行銷挑戰：透過建立 CMO 為主導的「顧客價值中樞」型行銷組織，利用行銷協同平台和集中的顧客資料倉儲，企業可以在組織層面把分散的顧客知識和數據集中管理和分析，而各個品牌和通路可以按需要獲得和分析數據支持其行銷活動。SCVM 的整合架構簡化如下：顧客數據平台—商機挖掘—聯繫管理—洞察引擎—內容定制—互動分發—多式協同—行銷指揮板。在 SCVM 行銷體系中，企業可以集中而又靈活的跨部門、跨通路、跨品牌的識別和深掘客戶價值。以迪士尼為例，迪士尼投資 30 億美元金打造大數據追蹤系統 MyMagic，這套系統能追蹤迪士尼樂園遊客的分布軌跡，如何進行消費，什麼時候用餐，以及最後購買了什麼，所有消費者在迪士尼內留下的行為最後都「位元化」，迪士尼再根據這些行為數據，結合 APP 追蹤的 SDK 反映的位置，並依據手機線索追蹤到的社群媒體資訊將這些打通，使數據、行銷、客戶資產一體化。

### 3．從策略思維的切換：行銷策略環節的「變化」

基於思維的切換，我們再看如何應用，我將實施系統分為兩個層面：一個我們稱為「數位行銷策略模式與實施系統」；另一個稱為「數位行銷支撐系統」（見圖 2-3）。

圖 2-3　數位行銷支撐系統

第一個系統中，我們具體討論的是以前的行銷策略「STP+4P」應該如何升級，如產品策略走向了共創導向；價格策略變得動態化、情境化、免費化；數位化使物理通路和虛擬通路之間的界限消失，多通路整合成為關鍵；品牌出現了價值觀品牌、RTB、DMP、DSP 的投放策略興起等。如果我們將行銷策略的核心典範的三個要害：產品管理、客戶管理以及品牌管理作為視角來審視，會發現新時代的行銷 4PS 走向共同創造，STP 走向了社區化，品牌塑造中個性化凸顯。具體到行銷策略的各個模組如下所述。

（1）數位時代對行銷研究的升級。

從常規調查到碎片化研究，在大數據時代，可以用低廉的調查、智慧化的資訊處理技術，使低成本、大樣本的定量調查成為現實，可以透過網路上基於調查對象的評論，推導出消費者真實的態度。從文本觀察到行為追蹤，新的技術和普及的行動設備使企業可以進一步即時追蹤用戶的行為數據。如在商業零售、房地產、旅遊等行業，利用位置數據、音頻識別技術可以幫助企業更加了解用戶的真實需求。另外還有群眾外包模式對市場調查的顛覆，從傳統市場研究到「泛資料分析」，以及神經行銷學的應用，都是新的系統研究手段。對於餐飲類店鋪來說，可以透過 WiFi 探針擷取客戶行動軌跡數據，作為其數位時代客戶關係管理 CRM 的重要手段，同時這些數據還可以評測團購效果：如果透過團購產生的新客戶沒有二次消費，就能認為該團購活動效果不佳。

（2）數位時代對行銷策略 STP 的升級。

市場細分方法從目標消費者到消費者網路，基於網路的市場細分數位媒體和數據生產，形成一種新的消費者或其他群體的共同利益和價值觀，這些人被地理、文化和隔代分歧分裂後，數位技術把他們帶到一起，這種親和力來自細分市場的溝通、分享和識別，透過不斷擴大彼此認同的連鎖和相交的消費者網路推進數位技術，因此行銷的細分出現了「超細分」與「動態精準化」，淘寶網「千人千面」的排名算法，就能基於每個買家的不同特徵精準推薦。精品連鎖百貨公司尼曼馬庫斯（Neiman Marcus）與之合作，推出了一款名叫 Snap 的 APP。這款 APP 解決了這種需求：在現實生活中或者雜誌上看到別人穿的衣服、包包、鞋子很棒，卻不知道去哪裡可以買到。客戶只需拍下，透過 Snap 就能跳轉到 Neiman Marcus 的電商網站，找到與之類似甚至相同的商品，這款 APP 背後運用了兩個核心技術，一個是如何將客戶拍攝的照片轉換為電腦能夠識別的資訊；另一個就是如何根據這一資訊，透過大數據的匹配與分析，精準找到客戶喜歡的商品。和傳統的關鍵詞搜尋相比，Snap 可以更精準的契合客戶的購買需求。

在目標市場選擇策略上，出現了從小眾演進的特徵，關於小眾行銷策略，我曾經也提出系統的策略實施框架，分為七大步驟，它們是：特定客群—快速連結—產品群眾創新—目標推介—跨群擴散—分項衍伸—附加盈利（具體可以參見我的〈還在談大眾行銷？ out 了，小眾行銷來了！〉一文）。目前在用戶的選擇上，還需要考慮疊代與升級以及如何利用目標客戶的選擇，某些時候 KOL 影響層的作用明顯大於直接消費者，這對行銷傳播中如何利用傳播槓桿、進行品牌傳播折射提出挑戰。這也是為什麼我們可以發現從服裝、美妝到美食都有不少創業者正在嘗試從達人（KOL）

角度出發，打造基於個人信用背書的行動電商平台或品牌。

至於 STP 中的定位策略，除了以前的「構建品類邏輯」之外，企業還需構建「連結邏輯」。如果說品類邏輯是縱向深潛，那麼連結邏輯指的是橫向生長，在深潛的垂直思維下，以水平思維補充，增加行銷的創造力，透過想像力打開新的市場空間。以豆瓣為例，豆瓣一直堅持著最初起家的「書影音」媒介基因這一「品類邏輯」，逐漸發展成今天的「中國文藝青年大本營」。進入行動互聯時代，豆瓣的幾個有想像力的動作都在以「連結邏輯」，有效橫向擴大產品邊界：「豆瓣東西」用創意商品導購進軍電商，「一刻」邁入媒體化、降低姿態占據大眾用戶碎片化時間等。正如我在前面所言，數位化時代實現的是「連結紅利」，品類是成功的第一步，但是可以再升級，用連結的基礎擴展，甚至變成一個生態型的企業，當然，這是更高層面的策略思維。

（3）數位時代對 4P 的升級。

產品策略的變化，反映在從洞察主導到循證主導與 MVP（精實創業）模式，產品升級從依賴於「邊界擴展」要變成「產品＋社區」，從大創想的 Big　idea 走向大數據的 Big　data 以及產品服務化：從擁有到共享。社群經濟、大數據、共享經濟變成了產品策略升級的核心。價格策略出現了「從收費到免費、補貼組合策略」，產品本身就構成企業商業模式的核心部分。由於行動網路的隨時可觸性，使「動態定價＋場景定價」成為定價策略的新模式，最典型的案例就是 Uber 針對用車流高峰期首創的動態定價算法（Surge Pricing）。「從單通路多通路到 O2O、O2M」，同時通路轉型為數位觸點，所有的觸點都可以變成數位購買通路，使行銷傳播與購買開始合一。我們曾經幫助某家金融機構梳理了線上與實體店 127 個接觸點，把這些接觸點通路化，一年銷售成長超過 200%，更重要的是實現了傳播和通路的有效整合。品牌策略上，數位時代出現了從價值導向到價值觀導向，價值觀導向的品牌能在社群媒體上實現大量傳播，品牌從勸服者到互動者與賦能者，從硬性廣告到內容與數據行銷，大數據可以打通消費者的線上瀏覽行為與實體購買行為之間的關係，這就是過去一年很多企業建立DMP的原因。另外，品牌性格更重要，這也被稱為魅力經濟或者粉絲經濟，所謂的超級IP、網紅，背後就是這個原理。

（4）數位行銷策略實施應用系統：4R模式。

在策略思維轉變基礎上，我們提出了數位化策略平台的行銷實施框架，我將其總結為數位實施4R系統：

（1）Recognize是第一步，前數位化時代我們主要談的是目標消費者的整體分析，大多透過樣本推測與定性研究，而數位化時代最大的變化，在於可以透過大數據追蹤消費者的網路行為，如對Cookie的追蹤，SDK對行動數位行為的追蹤，支付數據對購物偏好的追蹤，這些行為追蹤的打通可，以形成大數據的用戶形象，這些技術手段與行銷思維的融合是數位時代最大的變化；如京東透過消費者形象，為其用戶列出了300多個標籤特徵，而海爾集團的消費者形象則分為7個層級、143個維度、5326個節點用戶數據標籤體系。

（2）Reach是第二步，也是絕大多數參與數位行銷遊戲企業所實施的一步，以前的觸達消費者的手段在數位時代發生了變化，如AR、VR、社群媒體、APP、搜尋、智慧推薦、O2O、DSP等觸達手段，是前數位時代完全不具備的，那如何在基於消費者形象實施觸達，是企業需要採取行銷數據化轉型的基礎，讓技術、數據與客戶融合。

（3）Relationship是第三步，它應該作為Reach的後續步驟，僅僅做完前兩個R，並非能保證數位行銷的有效性，因為之上只解決了瞄準、觸達的問題，沒有解決如何轉化客戶資產，這其中最關鍵的一步在於你的數位行銷「是否建立了持續交易的基礎」，而很多社群的建立與發展，如MIUI這樣活躍的品牌社群，可以保證企業在「去中介化」的情境中與客戶直接發生深度聯繫、互動，參與；這也是目前提到的企業2.0形態，也是菲利普· 科特勒在東京會議上提到的「行銷4.0：幫助客戶來自我實現」。

（4）Return 是第四步，也是最後一步，它解決了「行銷不僅是一種投資，也是可以得到直接回報」的問題，很多企業建立了社群、吸收了很多品牌粉絲，但是如何變現，這是此階段的核心問題。我們提出了很多方法來變現客戶資產，如社群資格商品化、社群價值產品化、社群關注媒體化、社群成員通路化、社群信任市場化等操作框架。社群變現的案例不勝枚舉，如不斷湧現的社群型垂直電商、類似於「風投俠」這樣的社群群眾募資、小紅書的社群口碑分享及行銷。

以上 4 個 R 形成一個操作循環，非常適合 CEO 和 CMO 理解、應用、實施與反饋。在 4R 的基礎上，再建立行銷的組織系統、ROI 追蹤系統、大數據的數據源（見圖 2-4）。

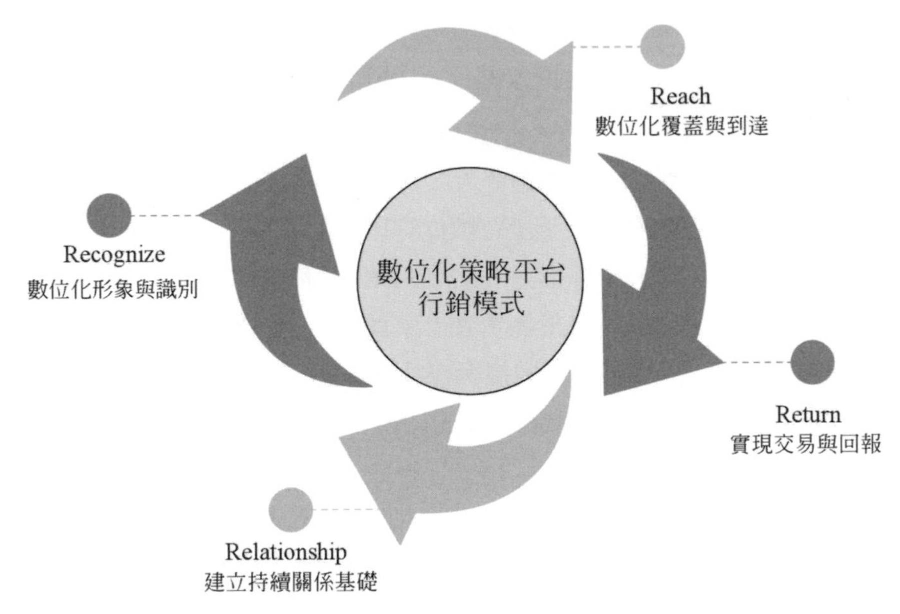


圖 2-4　4R 操作循環示意圖

網路最大的特質是實現「人與物、人與資訊、人與人」之間的「連結」，在連結中如何思考策略的變化，在連結中進化行銷的功能，在連結中擁抱新科技工具與數據思維，是擺在每個行銷高管和 CEO 腦中的問題。最後回到菲利普· 科特勒那句話「市場變得比市場行銷更快（Market changes faster than Marketing）」，轉變策略意識、構建系統框架、制定實施藍圖，是每個行銷高管和 CMO 從「互聯網 +」到「行銷 +」的必然選擇。

# 03
# 當你的定位策略還停留在 50 年前？

有位美國行銷策略諮詢專家來上海拜訪我，我和他熱烈聊了中國市場上行銷策略的實踐，他很驚訝中國企業家把「定位」（Positioning）放到一個無比重要的位置，似乎如點石成金之手般，用某個魔幻般的一個詞語、一句話，就能讓你在市場競爭中瞬間逆轉。定位真如你想像般一樣具備魔力？難道 50 年了，定位理論厲害得不用升級？難道數位時代，定位本身不需要「重新定位」？諮詢是個理論與實踐反覆融合的工作，以問題為導向，我們就基於企業家決策時碰到的問題來看定位的問題，才能手起刀落。

第一問：定位策略，是用局部要點替代了整體競爭策略思維嗎？

有一年，一個做行動網路物流領域的企業家來找我，這家公司剛被騰訊投資，C 輪完成，公司過去四年裡在大中型運輸公司市場取得了統治性地位，60% 以上的大型物流公司都是他們的客戶，覆蓋了無數個汽車司機與貨主，已經做到車載物流領域的品類第一。當時這家公司的短期策略目標，是兩年內取得 30% 中高消費族群的市場份額，覆蓋超過 100 萬輛車。該公司的 CEO 找到我，想讓我幫他梳理與規劃這項業務的定位策略，我單刀直入，問其 CEO，你做定位策略的目的是什麼？

他說，差異化。

我又問，你構建差異化的目的是什麼？

……

我之所以對這位企業家反覆追問其目的，是因為，很多企業為了定位而定位，為了差異化而差異化，追求「怎麼做」卻從不問「為什麼做」。規劃差異化，絕不是為了差異化本身，從競爭策略上講本質上是為了構建企業的策略壁壘，建立進可攻退可守的優勢位置。當回歸到這個本質的時候，作為企業操盤者，你其實有很多思路可以開展！策略上構建的差異可以是立體的，我提出一個公式，叫做「競爭策略差異化＝資源差異化＋模式差異化＋認知差異化」。比如說鑽石行業，De Beers 核心的差異化策略在於控制上游鑽石開採，在資源布局上構建自己的差異化優勢；華夏幸福則是典型的模式上差異化，透過幫助地方區域政府三通一平、九通一平來平整土地，加入產業招商導入，透過流動能力來低價控制地產行業的策略咽喉——土地資源。當你前兩樣都很難找到競爭策略差異化的抓手，CEO 才可能需要考慮品牌認知上的差異化，這一層才是我們所說的定位策略、心理策略。但即使是落在認知差異化的策略層面，你首先也得透過細分策略把成長機會描述出來，定位才具備有效性，正如科特勒操盤雪花啤酒，如不切割出新一代的年輕人群，如何定位「暢享成長」？行銷策略的核心是 STP（細分、目標市場選擇、定位），Positioning 也就是定位策略，只是行銷策略的最後一個模組。細分市場策略涉及成長的機會在哪，目標市場選擇則需抓住策略進攻的準心。沒有前面這些做基礎，你的定位只是「幾個詞語或一句話」的揣摩而已，一下就到文案討論的戰術等級。換句話講，同樣是劍，你必須知道什麼時候用最鋒利！

第二問：定位策略，在數位時代會變化嗎？難道不用升級？

現在，讓我們基於歷史與邏輯的視野看「定位」。從 1969 年定位理論被拋出後，近 50 年中經過了多次演進與變化。里斯和特魯特從早期的《定位》開始，1985 年出版《行銷戰爭》，把軍事戰爭的思想（防禦戰、進攻戰、側翼戰、游擊戰）引入到行銷中，後來，里斯與特魯特分道揚鑣，後者幾乎沒有新東西，前者則扛出了「品牌分化策略」、「品類策略」、「視覺錘」（Visual Hammer）等升級的大旗，不過依我的眼光來看，只有「品類策略」真正抓住了定位的核心要害，其他的不過是術，不過是工具。定位策略的思維邏輯是垂直化、聚焦化，所以里斯一直在批判像 GE 這樣的公司，延伸無處不在。當然這並不影響威爾許執政 19 年時間 GE 的發展，市值成長 30 倍。原因是什麼？原因是 GE 這類公司構建競爭策略的核心不在認知差異，在前兩個差異：資源差異和模式差異。不能因為手上有錘子，所以看什麼東西都是釘子。

如果將問題聚焦在定位本身，數位時代的背景下，定位策略有什麼變化，或者說應該有什麼變化？洞察這個變化，不如看看實戰中碰到的窘境。我們以現在最熱門的 O2O 叫車行業為例，滴滴和 Uber，按照定位理論它們應該如何定位呢？滴滴剛開始出來的時候應該是「O2O 的一鍵叫車服務」吧，後來擴展到專車，變成了「車的共享經濟」，後來滴滴又進入到拼車、滴滴巴士等各項服務，那它是不是應該被定位成「網路交通服務整體解決商」了呢？按照傳統定位理論，你沒辦法想到 Uber 推出 Ubereat（用 Uber 來點餐），百度外賣、美團不斷從原有外賣進入下午茶、鮮花配送和整體的「O2O 到家服務」，Google 的延伸觸角更廣，你定位如何解釋，如何幫助企業家解決問題？不要用原有的方法，做刻舟求劍加上削足適履的事！

第三問：在數位時代，定位策略應該如何升級？

面對以上的問題，我們需要對數位時代背景下定位策略進行升級。數位時代是一個連結、跨界與混流時代，很多企業將從垂直競爭進入到生態競爭，正如滴滴，可以一鍵叫來一個家政服務，為你做頓飯或者上門美甲服務，它可以遠遠超過「外出」這個定義，那你說滴滴應該如何定位？只有對邊界從策略上進行澄清後，認知層面的定位才有意義，否則隨著業務邊界的擴大，前期投入的心理占領費用——那些巨額的廣告費、公關費才有策略意義，否則全部打水漂。基於此，我提出定位在數位時代應該立體化，策略定位應該包括：商業模式定位、生態圈定位、品牌心理定位和話語體系定位四項（見圖 2-5）。

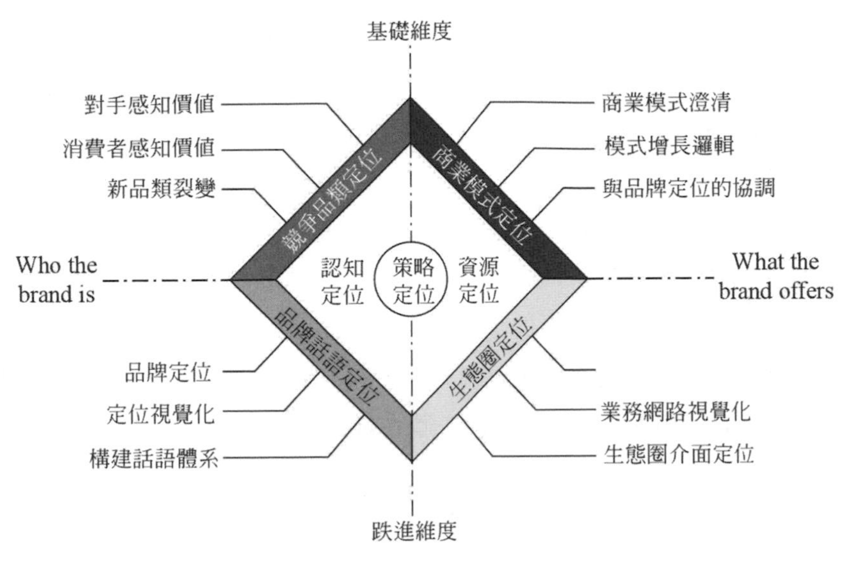


圖 2-5 數位時代下策略定位方法論

什麼是商業模式定位？也就是杜拉克在世時，問 CEO 最經典的一個殺傷力問題：What' s your business（你究竟從事的什麼業務）？還是以滴滴為例，如果今天滴滴如果要給自己定位，那 CEO 得非常清楚，滴滴到底是一家計程車公司，還是解決「人與物移動」的公司？抑或是其他類型的公司（大數據、人工智慧）？

把商業模式定位界定清楚後，CEO 需要清理自身業務的生態邊界，以美團外賣為例，要清楚自身的生態邊界是外賣，還是美食，還是整體的 O2O 到家服務，還是短途物流公司（定位到這，你才能理解美團推出「美團叫車」的策略意義）？生態圈定位定義你業務的邊界，如果不清楚，每一次業務擴展，都會顛覆掉你以前的定位投資。

第三項是品牌心理定位，也就是里斯和特魯特提出的那個定位，所以也難怪《定位》這本書剛印出來的原名叫做《廣告心理戰》。這個層面的定位解決什麼問題？解決資源、模式假定情況下，企業如何從「沒有差異化的地方，弄出差異化」，也就是認知差異化。從這個維度看，大量網路公司的品牌口號，都有嚴重問題，比如騰訊影片說「不負好時光」，優酷的「世界都在看」，這都不是顯性的認知差異化的打法。

最後一個模組，我想提出的是話語體系的定位，其中很重要一個工作即「定位視覺化」。其實，原有的里斯特魯特定位理論實施框架相當單薄，應用到最後幾乎都變成了「一句話策略」、「表述型辯論」。其實，定位可以透過視覺化的整體策略來凸顯。比如說同樣訴求打計程車「快」，滴滴最早實現一鍵點單時，可以即時看到計程車離你位置的遠近，讓「快」的定位視覺化！同樣的，如果你是一個網路金融公司，你強調收益高，你所有的用戶體驗中，得讓用戶感到每分每秒都在賺錢，把你的定位視覺化出來，也是形成認知差異的有效手段，哪怕你的競爭對手也訴求這個定位。

最後，回到開篇我提出的問題：數位時代的背景下，你真的清楚你該如何設計你的定位策略嗎？你原有的方法論真的不需要升級嗎？理論是灰色的，生命之樹常青，我們只能基於問題，重構定義。今天，你是否需要對你的定位策略「系統升級」和「重新定位」了呢？

# 04
# 小眾行銷 = 深潛 + 想像力

與十年前不一樣的是，今天中國消費市場在絕大多數方面已經邁入了「豐饒社會」，社會學中有一本著名的經典著作叫《有閒階級論》（The Theory of the Leisure Class），裡面描述豐饒社會中消費形態的變異，在商品唾手可得的時候，商品的心理價值、形象屬性已遠遠超過物理功能。在今天供給趨向無限可能的時候，伴隨著傳媒業的碎片化，消費者的各類原始需求幾乎都能得到及時滿足，但衍生性的超細分需求開始凸顯，與之對應的，20 年前行銷專家唐· 派柏斯與馬莎· 羅傑呼喚的「一對一行銷」真正能夠變為現實，小眾行銷興起。

## 1 · 關於小眾行銷的基礎：行動互聯效應 + 長尾效應的雙重疊加

我們認為「小眾行銷」（Micro-marketing）之所以在今天成為可能，是在於兩層效應的疊加。第一層效應是「長尾效應」，當克里斯· 安德森在 2004 年第一次提出「長尾」理論的時候，網路仍處於 PC 時代，而 Anderson 當時創造「長尾」的目的也是用來描述亞馬遜、Netflix 等所謂「長尾集合器」網站的商業模式的，長尾是尾部需求趨向無窮的加和；然而，僅有長尾還不能構成小眾行銷，需要第二層效應的凸顯，即「行動互聯效應」：行動互聯和 PC 互聯最大的區別，不是手段的移動，而在於「人的互聯」，在於行動互聯實現了人與人之間真正的連結，因而能做到最大化地將碎片化的消費者行為、角色打通，如果說「舊長尾」只能透過打造長尾集合平台做到一定程度的縱向深度，「新長尾」可以實現縱向深度和橫向目標的兼顧，新長尾不僅僅只是一個個「小眾」、「冷門」的集合器，更具備了互動溝通、深度挖掘，甚至一對一訂製的基礎，因而無數個零散的碎片聚合到了一起，不僅是簡單的加成，更會煥發、生長出更大的生態模樣，借助網路和長尾的力量，讓每一顆平凡的微塵都有機會劃出不平凡的軌跡。

## 2・關於小眾行銷的三個誤解：小眾行銷不是什麼

（1）小眾行銷不是價值觀的行銷：有人說，小眾行銷是強調著價值觀共鳴，並不重視產品本身的產物，會伴隨價值觀這張牌的打完而消退。的確，越是小眾的市場，越需要價值觀的共鳴，某種意義上小眾行銷就是「微點切入、深度挖掘」的模式，深度挖掘的前提是消費者對你價值與價值觀的高度認可；但是，價值觀行銷只能算是小眾行銷的要素之一，小眾行銷衍生並生長的本質驅動力仍然是需求的滿足，產品或服務本身的特質和價值觀一樣重要，否則就會後繼乏力。

（2）小眾行銷不是大眾行銷的背面：有一種說法是小眾行銷只是一個跳板，以小眾博得眼球經濟，再逐步邁向大眾，從「小而美」逐漸擴張成為「大而全」。這種思維模式本質是把小眾行銷與大眾行銷對立。的確，很多小眾行銷最後過渡到了大眾行銷，比如說零度可樂、比如說小米，比如說 Beats 耳機，但並非所有的小眾能擴張到大眾，其背後的前提在於能否借助消費者的目標效應進行不斷演進。

（3）小眾行銷不是利基行銷（Niche Marketing）：利基行銷本質上還是批量生產，利用新科技進展形成的客戶化定製，而在實施過程中是企業單向準備內容與客戶溝通。小眾行銷則強調目標、強調互動、強調企業和消費者之間圍繞細分後的需求點共同創造內容，消費者參與在其中扮演了重要角色。

## 3．一句話概括小眾行銷：小眾行銷＝深潛＋想像力

近兩年接受到關於行銷轉型的訪談，我一直提出最關鍵的兩個策略詞彙，是「深潛」與「想像力」，我認為這也是小眾行銷在企業中實施的核心。所謂「深潛」，就是要比以前更深入地靠近消費者，企業要成為「顧客擁有者」，貼近客戶，以減少成本，以客戶成長取代以前的市場擴張，透過與客戶之間的對話、讓客戶參與來擴大企業的邊界，提供出更深度的內容。知乎的建立源於對消費者需求點的一個深度洞察：如何找到一個平台，分享和獲取細分專業領域的高品質知識，並能和提供這些有資訊價值的高品質用戶進行互動，從而形成了一個生態的，知乎創始人周源說：「知乎將持續產生高品質、可沉澱的資訊，並讓有價值的資訊和人都關聯起來。」這相比於百度知道，中國版 Quora ——知乎是一個更小眾的「知識型社交問答網站」，由於更細分、更深潛，後來知乎向公眾開放註冊，不到一年時間，註冊用戶迅速由 40 萬攀升至 400 萬。

所謂「想像力」，就是在深潛的垂直思維下，以水平思維來進行補充，來增加行銷的創造力，小眾在深潛成功的基礎上，要透過想像力打開新的市場空間。我們以豆瓣為例，豆瓣一直堅持著最初起家的「書影音」媒介基因，成為了所謂「中國文藝青年」的大本營，進入行動互聯時代，豆瓣的幾個有想像力的動作都在有效橫向擴大產品邊界：在行動端突然爆發的 APP 流水線、「豆瓣東西」用創意商品導購來進軍電商，「一刻」邁入媒體化、降低姿態占據大眾用戶碎片化時間，這些擴張由於都是圍繞原有「文藝青年」這個群體在深耕，所以即使做社區目標電商，也不會懼怕淘寶店的衝擊。

最後要指出的是，並非所有的企業都需要小眾行銷，但是所有的企業得需要有小眾的思想去看到興起的消費者行為的變化，因為在碎片化的數位時代，這些小眾的累積極有可能匯聚成一場暴風，如果忽視他們，你也許邁不過下一次鴻溝。

# 05 好的數位行銷策略與壞的數位行銷策略

沒有哪家企業的 CEO 或者 CMO、CSO 會宣稱自己沒有策略，哪怕他們把經營計劃、規劃文件等同於策略，而如同策略大師理查·魯梅爾特在《好策略、壞策略》中說：「也許沒人會否認自己不擁有策略，但是你的策略卻未必是好的策略。」魯梅爾特在書中說：「策略的目的就是選擇一條推動創新、實現抱負的道路，確定領導力和決心應該服務於哪些目標，採用哪種方式以及為什麼要服務於這些目標。」

同樣的，落實到數位行銷層面的策略，也有好的數位行銷策略與壞的數位行銷策略之分。從工具層面，也許大家都用了類似的工具，然而做出來的結果天壤之別，很多情況下是因為使用這些數位工具時沒有指向「本質」。我們認為，以下五點可以判斷此行銷策略是否真正實現了「數位化」，它們是：連結（Connection）、消費者位元化（Bit-Consumer）、數據說話（Data talking）、參與（Engagement）和動態改進（Dynamic Improvement）（見圖 2-6）。

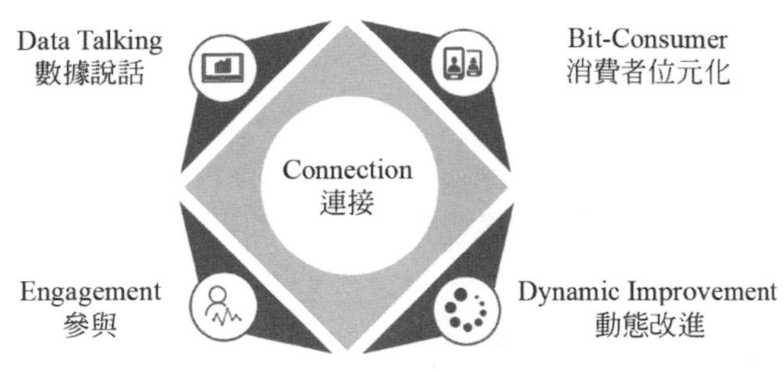


圖 2-6 行銷數位化的本質

## 1·連結（Connection）

「連結」是我們網際網路、數位時代的本質。如果說互聯網+的時代、數位時代有 100 個特點，那麼其要義一定是連結，只有在連結的基礎上才可以去談「免費的商業模式」、談「社群」、談「去中介化」、談「粉絲經濟」、談「平台策略」。新經濟的本質就是以網路為基礎，把所有的事物連結在一起，在此基礎上進行業務模式與業務營運的創新。正如線上影片網站 Maven Networks 創始人希爾米·奧茲加（Hilmi Ozguc）所說：「網路解放了我們的時間，給予我們選擇的自由。現在又讓我們擺脫了空間的束縛，而這種自由的獲取，是在連結的基礎上產生的。」

網路的未來正是連結一切，連結型公司的重要目標是創造更多的連結點，成為一個開放平台，繼而圍繞著這個開放平台構建起一個大的生態鏈（見圖 2-7）。如騰訊所言：傳統網路時代，騰訊連結的是人與人、人與服務；但行動網路時代，連結變得更加複雜，超越了單純的人與人、與服務之間的連結，融合進了人與現實生活、線上等的連結因素。那面對 CEO 和 CMO 們，我們問：你的數位行銷策略是否有效實現了「連結」？

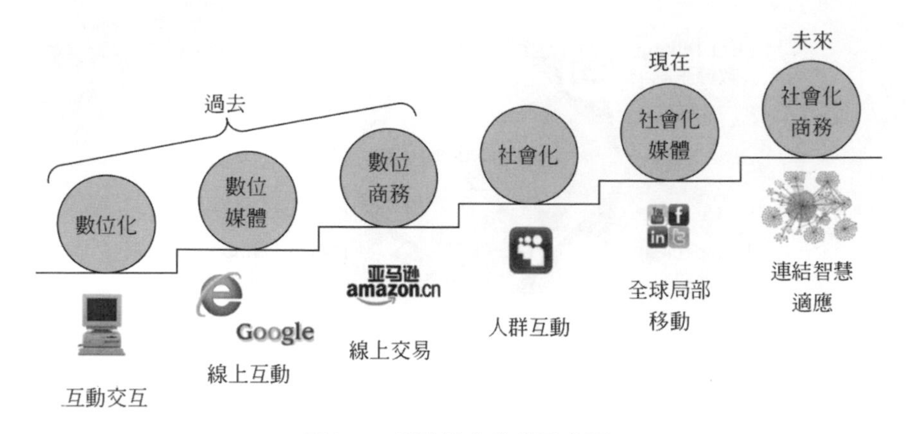


圖 2-7　網路進化階段示意圖

## 2．消費者位元化（Bit-Consumer）

在數位行銷時代，所有的消費者行為都可以被記錄並追蹤。企業在制訂數位行銷策略時，需要考慮如何有效地獲得核心消費者的行為數據，並時刻關注這些行為記錄的變化，更好地把握消費者動態。Facebook 的實習生 Paul　Butler 利用數據，完成了全世界 Facebook 的用戶以及用戶之間的聯繫視覺化形成的圖像，我們變成了一堆可以連結的數字，大數據時代撲面而來，憑藉大數據收集、分析和決策，行銷的過程可以透明化，能否將自己的消費者與客戶位元化，並追蹤與分析尤為關鍵。很多零售店已經開始進行「消費者與消費行為位元化」的改造和升級，以 Prada 的零售店為例，已經可以做到將所有的衣服貼有新型條碼標籤。有了新型條碼之後，一件衣服被消費者拿起、放下或者試穿的資訊都會準確記錄，並傳遞到後台的管理系統上。這樣試穿過多少次，甚至衣服被拿起放下多少次，這些數據都將透過分析成詳實的數據資訊，為服裝企業下一步的產品研發、設計或者進貨指明了方向。

## 3．數據說話（Data Talking）

數位行銷的核心之一就是數據的誕生、採集與應用，數據是在真實的互動行為中所產生的，這些數據包括基於用戶的用戶屬性數據、用戶瀏覽數據、用戶點擊數據、用戶交互數據等和基於企業的廣告投放數據、行為監測數據、效果反饋數據等。這些數據可以讓企業更加了解顧客，也可以讓企業自身更加清楚地監測自身數位行銷策略是否有效，從而及時進行調整。大數據的價值曾被人們稱為新的石油，看似多維多樣的數據透過科學的分析解讀，使得企業能夠透過分析結果來得到行業發展現狀以及預測行業發展趨勢的能力。數據說話就是營運決策數據化，在數據積累、數據互通階段，數據化營運並不迫切，但當數據源建立起來之後，以用戶為中心的跨螢幕互通之後，如何分析、如何實現智慧型的視覺化的數據呈現尤其重要。數據說話要跨越決策者和行銷管理人員的主觀判斷，建立一套數位說話系統。

## 4．參與（Engagement）

讓消費者參與到企業行銷策略之中。在數位行銷時代，消費者所反映的數據，成為企業制訂行銷策略時最重要的一環，那麼消費者在企業的行銷過程中理應占有更重要的話語權。消費者可以被看成非企業管轄的，卻同時保證企業正常、高效運轉、推動企業決策的外部員工。參與到企業從產品設計、品牌推廣、活動策劃、通路選擇等方方面面來，讓消費者對企業產生歸屬感。這樣的企業提供的產品和服務更容易滿足客戶自身需求，同時為企業贏得更多信賴和市場。維基百科的形成是典型的客戶參與案例。維基百科的英文版已經創建了 385 萬個條目，在全球 282 種語言的獨立運作版本更是超過 2100 萬個條目，登記用戶超過 3200 萬人，總編輯次數超過 12 億次。維基百科在全球前 50 大網站中排名第五，並且是唯一一家非營利性機構營運的網站。其維基百科月均頁面瀏覽量達到 190 億次，而網站的營運預算費用卻遠低於其他網站。

## 5．動態改進（Dynamic Improvement）

企業在獲得消費者行為數據之後，首先需要對數據進行分析。然後根據分析的結果調整自身策略。由於現在消費者數據更新頻率非常快，所以企業在自身策略調整的時候也需要快讀疊代，動態改進。以萬變應萬變，保證當下的數位行銷策略與當前消費者行為時刻吻合。

以新一代零售與大數據結合為例，來實現動態改進，可以客流量和消費者動線等大數據為基礎來部署，所有的行銷、招商、營運、活動推廣都圍繞著大數據的分析報告來進行大策略，具體策略包括以下幾種。

- **利用會員刷卡數據的購物車清單，將喜好不同品類不同品牌的會員分類，將會員喜好的個性化品牌促銷資訊進行精準推送。**
- **透過安置客流監控設備，並透過WiFi站點的登錄情況獲知客戶的來店頻率，透過與會員卡關聯的優惠券得知受消費者歡迎的優惠產品。**
- **經過客流統計系統的追蹤分析，提供解決方案改善消費者動線，進行動態改善。**

要獲得動態改進，CMO、CEO 和 CIO 還可以一起建立管理駕駛艙（Management Cockpit， MC），管理駕駛艙是基於 ERP 的高層決策支持系統。透過一個系統的指標體系，類似股市操盤圖，即時反映企業的運行狀態，將採集的數據形象化、動態化、系統化。管理駕駛艙融合了人腦科學、管理科學和資訊科學，以決策者為核心，為高層管理層提供的「一次性」（One-Stop）決策支持的管理資訊中心系統。

這種駕駛艙的建立核心是確立有效的指標體系，頂層指標越簡化，越容易管理。駕駛艙可以透過各種常見的圖表（速度表、音量柱、預警雷達、雷達球）標示企業運行的關鍵指標（KPI），直觀地監測企業營運情況，並對異常關鍵指標預警和挖掘分析。當企業高層管理人員步入管理駕駛艙，所有與企業營運績效相關的績效指標（KPIs）都將以圖形方式顯示在四周的牆壁上。這種動態改進的方式可以使得決策從週過渡到天、甚至是小時，猶如美軍新一代作戰指揮中心，用大數據、智慧、動態給出分析，輔導決策。

# 06
# 數位時代的公司魅力化策略

## 1・按照魅力來進行公司估值

如今小米公司的估值已經超過 100 億美金，高居中國網際網路公司前五；然而當我們把時間拉回到 2012 年 6 月，小米第三輪融資 2.16 億美元，估值達 40 億美元的時候，討論最熱門的一個話題就是「40 億美元，估值高不高」，雷軍拋出的答案是「小米的估值是看市夢率，而不是本益比」，當時很多人看不懂、進行質疑，但不到一年半的時間小米估值又翻了一倍有餘。我們知道，公司估值的方式很多，典型的如基於本益比、市賬率等指標的相對估值法，或者以自由現金流折現模型的絕對估值法，那麼，以「市夢率」估值的本質是什麼？

這就要提到的「魅力經濟學」，其用英文造成的新詞是「Likeononomics」。所謂「市夢率」，其本質是公司自身具有極大的人格吸附魅力，吸附了大量粉絲，構成了對公司有選擇偏好強而有力的客戶資產。以前的網路企業有一個估值邏輯，就是你如果擁有豐厚的客戶資產，你的市值自然就高，最典型的如 Facebook、騰訊；而在如今社交網路時代，客戶資產的多寡固然重要，但其客戶資產的品質，即客戶是否是公司的忠實粉絲，成為公司產品的支持者、創造者、宣傳者變得更為重要，相對於客戶數量，它能夠更清晰地判斷顧客群的影響力範圍和顧客群基於支付意願的價值總和。在這個背景下，魅力本身就可以產生規模經濟效應。

我們看到，一個按照魅力來進行公司策略性估值的時代已經來臨。

做過系統品牌策略規劃的企業都清楚，公司品牌規劃裡面有一個核心環節就是公司品牌的「擬人化管理」，通俗地講，它就是問企業的消費者、利益相關者：如果把你的企業人格化，它會是一個怎樣的特質？它的個性如何？它屬於哪個階層？透過這些問題系統的設計去勾勒出公司的人格化特質，形成品牌魅力，以方便能與消費者在品牌上達成共鳴，典型的企業如哈雷戴維森，有粉絲在其下葬時，竟然也要拉上哈雷摩托車陪葬。然而我們想問：在數位經濟時代，這種魅力管理是舊酒碰到新瓶，還是顛覆性思維的質變呢？

## 2·我們處在一個除魅化（disenchantment）的魅力時代

從觀念的形成開始，人類頭腦中「魅」，就是源於人對一種神祕力量的理解，「魅力」的存在是源於資訊的不對稱、時空的不統一性。但是我們又看到，網路時代，尤其是數位社群媒體時代的本質是「消滅資訊不對稱」、是「去中心化」、是「解構權威」、按照這個邏輯，我們應該是處於一個「除魅化」的時代，那麼，這個所謂的「除魅化」時代為何又與魅力點相連呢？

歷史人類學上有一個觀點：「征服或被征服」的思維模式，是以「能力、等級、權力」作為交流，這種思維模式叫「垂直性思維」；而更偏向於「情感的交流、互動」，人類學家把這種思維叫做「水平式思維」。

社群媒體盛行的數位時代，是一個被克雷 · 薛基（Clay Shirky）稱為「Here comes everybody」，即「鄉民都來了」的時代，這個時代最典型的特質是，每個自由意志的主體被數位技術「平行連結」，等級開始塌陷，一切活動，如學習、娛樂乃至工作都會以「平行連結」的方式組織起來，系統的組織模式對企業的溝通模式提出了挑戰：即從金字塔式的組織轉變為水平化的組織——海星型的組織。企業與客戶之間的溝通也走向了「水平化溝通」，即透過參與、互動、對話來構建、展現自身的魅力，用

克雷 · 薛基的話講，世界的未來是「濕」（Wet）的，濕的東西是具有活的特徵、生命特徵的東西。魅力模式也會從垂直魅力轉變為水平魅力，從過往的比誰更強轉變為如今的比誰更有鮮活、更有人情味，甚至是更有缺點的人情味，這也是所謂「魯蛇打敗高富帥」背後的社會心理學。「You make it，you own it（你創造它，你擁有它）」，企業的人格化魅力將從「情感與行為的參與感」中產生，這也是為什麼小米的黎萬強反覆強調「參與感是新行銷的靈魂」。開玩笑地講，做企業的思維要從做「世界 500 強」，轉換為做「最性感的公司 500 強」。

基於這種「水平化的思維」，我們就能理解原有的魅力以「組織與人的關係為核心」，將轉換為「人與人的關係為核心」，當羅永浩在北京西門子總部前，手舉鐵錘，把三台西門子冰箱砸成一地碎片之時，我們就應該能判斷這場輿論戰中西門子肯定輸掉，因為這已不是工業時代一個人與組織的鬥爭，而是人人連結時代下「水平魅力」對「垂直魅力」的顛覆。

## 3・數位時代公司「魅力點」行銷背後的策略思維

談到公司的魅力化方法，並把公司魅力作為一種企業的差異化策略來管理，就應該理解數位時代下背後行銷思維的轉換，並把這種思維化成公司人格魅力管理的實踐。我認為以下四點尤為關鍵：

第一，從行銷價值到行銷價值觀。傳統時代企業行銷圍繞著「價值」展開，行銷以「選擇價值、傳遞價值、交付價值」來形成一個系統，而在數位時代進行魅力管理，將以「行銷價值觀」來展開，「價值觀」比「價值」對消費者來講更有意思與意義。Roseonly 賣的還是花嗎？它賣的是一種「價值承諾」，用頂級的玫瑰和服務承載專一的愛情，定製「一生只送一人」的理念，吸引了廣大的明星和高級消費群。

第二，從行銷細分到社群管理。傳統的細分理論是幫助企業找到什麼樣的人是企業的客戶，以進行針對化的行銷。而在數位時代，網際網路本身就是一種社區性文化、部落文化，社區的搭建本身就是依據興趣、魅力聚合而成。企業可以找到和它特質相匹配的社區，或把與企業價值觀相符的人聚攏起來形成一個社群，這個社群會成為企業魅力向外擴散的「革命根據地」。小米論壇大概有 380 萬註冊會員，每天發文數 20 萬左右，每日 PV500 萬左右，這個社群平台大大增加了其用戶忠誠度和對小米的向心力，也成了小米魅力點的發源。

第三，對定位理論的升級，從定位到「定位＋聯想群管理」。定位理論的產生源於一個核心假設：在工業化時代的資訊爆炸、單向傳播的背景下，企業要強化自己在客戶心理中的地位。它假設傳播中企業是主體，因此定位的策略就是透過單一化資訊，不斷地重複，以時間的函數在消費者的心理中形成其獨特定位。而在數位時代，有魅力的資訊很多是客戶自身產生的，是在特殊的時點與企業不相連的事件產生的，而高明的行銷人員能將這些資訊納入到自己的傳播、互動中，形成企業自身的魅力點。試看一下 2014 年冬奧的開幕式上，主辦方節目中五環旗漏失一個圈的烏龍，奧迪、小米、杜蕾斯用有趣的嫁接方式，都將其做成了自身的傳播資訊。小米內部也有一個機制，就是每週員工坐下來討論有哪些新話題可以聯想到小米品牌上。數位社交時代，能否創造性的進行即時的「聯想群管理」將是把企業提升「魅力」，差異化競爭對手的重要手段。

第四，魅力管理的倒金字塔：CEO 走向櫃檯。在數位時代，CEO 能否從組織內部走向組織外部，與客戶直接溝通，也是魅力形成的關鍵，CEO 要變成客戶 CPO（驚喜長：Chief Pleasant Officer），CEO 要成為直接和客戶打交道的人，CEO 的個人魅力已經成為企業魅力的重要要素。賈伯斯就是成功的 CPO，很多消費者與其說是「果粉」不如說是「賈粉」，當然，對於新的蘋果 CEO 庫克來講，其核心的挑戰遠遠不在於產品，在於如何建立後賈伯斯時代的 CEO 魅力。

## 4·數位時代下公司「人格化魅力點」如何確立

回到企業的人格化魅力本身，我想這其中有一個核心問題：企業如何尋找自身的人格化魅力？

上面已經提到，數位時代下我們「人人關係」的魅力要遠遠大於「組織與人關係」的魅力。創造魅力最簡單的方法是將企業當成是人，為公司創造個性，持續不斷地溝通，讓企業具有差異性。根據社會心理學家榮格（Jung）的研究，人類在歷史的發展過程中存在著一種集體潛意識，這種社會性的集體潛意識寄託了人類社會早期的崇拜和吸引的圖象泉源，榮格把這種集體潛意識叫做「原型（Archetype）」，原型的作用力在於能夠引發人們深層的情感。在世界各地所發現到的神話和原型之所以流傳千百年，不斷發揮作用，是因為它們反映了人探尋生存意義的永恆真理。

彼特沃什（Peter Walshe）基於對原型和企業人格相互關係的研究，按照「安樂（Well-being）—挑戰（Challenge）」以及「穩定（Stability）—改變（Change）」將組織人格的原型劃分為 10 種（見圖 2-8）。它包括朋友、母親、國王、智者、英雄、叛亂者、性感女郎、逗趣的人、夢想家、少女。舉例來講，LV、卡地亞所塑造的人格是一種典型的國王人格，整個溝通格調呈現出統治者的控制力；而 Nike、柒牌這類企業，它們所凸顯出來的是一種「英雄」的人格魅力；寶潔轉向塑造「母親型」的人格魅力；同樣的，叛亂者人格魅力的典型是維珍、賈伯斯時代蘋果，無論是它 1984 年那支著名的《1984》廣告，還是後來回歸後「再一次改變一切」的宣言，無不滲透著這種張力。

在數位時代魅力點的選取，和傳統時代會不一樣。在傳統時代，大部分企業都在「穩定」、「安樂」這兩個指標滲透下的人格原型中發展魅力。比如瑪氏、聯合利華、可口可樂，它們鎖定人格中都有「朋友」這個關鍵詞；比如我們上面中提到過的有「國王人格」的 LV、卡地亞甚至是微軟。而在數位時代，這些人格原型顯得不那麼「鮮活」，不那麼具有「富有缺點的人情味」。數位時代本身就是一個「顛覆式的時代」，在這個時代，我們會看到企業人格的魅力點將轉向「挑戰」和「改變」這兩個維度過渡，向其中一個指標靠攏的企業經過精心策劃也許有少許魅力，但絕不會「魅力無敵」，而向兩個指標同時接近並表現強烈則可能「魅力無窮」，邏輯思維的「有趣」，特斯拉的「反叛」，正好對應了這兩個指標交叉下的「逗趣的人」、「性感女郎」和「反叛者」。

圖 2-8　企業人格原型圖譜

## 5・魅力點的加分項與負面清單設計

上面談到了數位時代下企業如何去尋找組織層面的「企業人格魅力點」，其實組織要「出魅」，還可以從領袖魅力以及員工魅力兩個維度來塑造，如果這兩個元素經營得好，將會成為企業整體魅力的顯著加分項。企業領袖的個人魅力能為其企業提高關注度和帶來話題，進而轉變為消費者對企業產品的偏好。特斯拉目前尚未進入中國市場，但已經擁有眾多購買的粉絲。一方面是由於其顛覆性的產品，另一方面也源於客戶對其創始人馬斯克魅力的吸引，馬斯克被認為是賈伯斯之後的下一個創新領袖，曾在三個迥然不同的領域創立了三家成功的公司：Paypal，Tesla Motors 和 SpaceX，每一家都顛覆了原有行業，這一顛覆性的英雄魅力為特斯拉上市前就贏得了足夠的關注和熱議。同樣，在中國的手機行業，魅族的工業設計、技術號稱最接近蘋果，啟動點也早於小米，但魅族創始人黃章個性低調，和小米的雷軍形成了鮮明的對比，也因此我們看到了兩家企業形成了現有的差距。

在數位時代，員工出魅策略要從以前的「榜樣塑造」轉換為「個性化、有血有肉的鄰里達人秀」，要從以前的「刻板」轉向「鮮活生動」。情趣、發燒友、傳奇這些關鍵詞都是可以發揮的主題。百度的「度娘」憑一張在年會上的照片走紅微博，據說一時間百度的人事部收到的履歷多了十倍。歐洲電影獎得主的法國電影《登堂入室》中，提到了寫暢銷小說的馮唐，著實為華潤這樣的央企加了魅力分。華大基因也在對外宣傳其旗下的 1990 後「極客科學家」（geek，通常被用於形容對電腦和網路技術有狂熱興趣並投入大量時間鑽研的人），也讓大眾翻轉了對科學家的刻板印象，包括受到網路瘋狂關注的北京龍泉寺，其出魅也是由於其清華、北大博士非常多，號稱「天下武功出少林，牛叉極客入龍泉」。

上海自貿區的建設拉出來一個「負面清單」的概念，即在自貿區的框架下，指明哪些項目不能做，對於想塑造公司人格化魅力的企業，有沒有這樣一個「負面清單」呢？

我想起了《連線》雜誌創始主編凱文· 凱利（Kevin Kelly）所說的一句話：在數位時代，我們實質上處於一個「失控」的狀態，它是全人類的最終命運與結局。在這個「人人連結」的交互性、水平化時代，想要「控制」的思維也許本身就是錯誤的。對企業來講，與其強調設計一個「負面清單」，不如真實的表演自我，走向櫃檯，對於「水平化」交往的時代，沒有不透風的牆，這也是這個資訊逐漸對稱的時代下，魅力之所謂為「魅力」的緣故。

# 07
# 行銷的進化卷軸：從行銷 1.0 到行銷 4.0

## 1．行銷的進化

作為策略性的行銷思想在過去 50 年發生巨大的變化，在東京的世界行銷高峰會（World Marketing Summit）中，行銷之父菲利普·科特勒博士將其中標誌性的思想貢獻，結合西方市場的演進分為以下七個階段，它們是：戰後時期（1950—1960 年）、高速成長期（1960—1970 年）、市場動盪時期（1970—1980 年）、一對一時期（1990—2000 年）以及 21 世紀初的價值驅動期與 2010 後的價值觀與大數據時期（2010 年以後），在不同階段都提出了重要的行銷理念，比如我們熟知的市場細分、目標市場選擇、定位、行銷組合 4Ps、服務行銷、行銷 ROI、客戶關係管理以及最近的社會化行銷、大數據行銷、行銷 3.0（見圖 2-9）。

從行銷思想進化的路徑來看，行銷所扮演的策略功能越來越明顯，逐漸發展成為企業發展策略中最重要和核心的一環，即市場競爭策略，幫助建立持續的客戶基礎，建立差異化的競爭優勢，並實現盈利；其次，五十年來行銷發展的過程也是客戶逐漸價值前移的過程，客戶從過往被作為價值捕捉、實現銷售收入與利潤的對象，逐漸變成最重要的資產和企業共創價值、形成交互型的品牌，並進一步將資產數據化，企業與消費者、客戶之間變成一個共生的整體。再者，行銷與科技、數據連結越來越緊密，企業中行銷技術長、數位行銷長這些職位的設置，使得相對應的人才炙手可熱，這些高管要既懂行銷，還必須懂得如何處理數據、應用數據、洞察數據，並了解如何應用新興科技將傳統行銷升級。

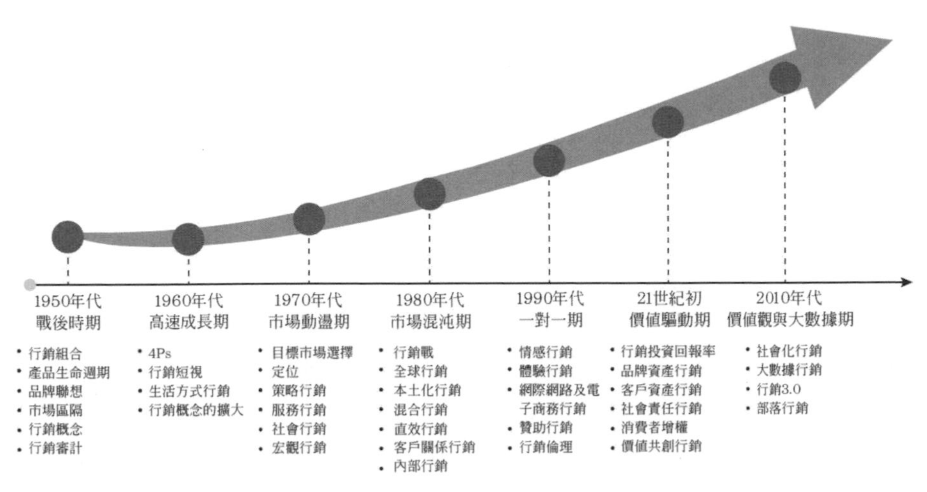


圖 2-9　行銷發展歷程

2 · 策略行銷導向的轉變

行銷理論把市場行銷導向分為生產階段、產品階段、推銷階段、銷售階段、行銷階段和社會行銷階段。而作為企業高層視野的實踐導向來看，從策略性的行銷導向來分，菲利普· 科特勒將其分為產品導向、客戶導向、品牌導向、價值導向以及價值觀與共創導向（見圖 2-10）。

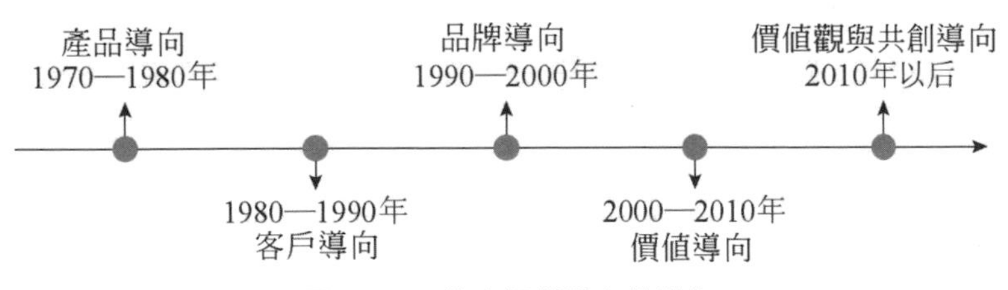


圖 2-10　策略行銷導向的變化

產品導向將產品本身作為市場策略的核心，它的前提假設是企業的產品和技術都已定，而購買這種產品的顧客群體以及迎合的顧客需求卻是未定的，有待企業尋找和發掘，產品本身的競爭力就是市場競爭力的反應，這種導向由於割裂了客戶需求與產品之間的關係，逐漸在 1980 年代被客戶導向替代。但值得注意的是，由於行動網路的興起，大家紛紛談論「產品時代不需要行銷，只需要產品」，這是目前流行的錯誤意識。產品必須以客戶為基礎，才有可能獲得市場的成功，行銷是貫穿價值識別、價值選擇、價值溝通和價值再續的整體過程，而不是一些短期戰術，客戶導向是指企業以滿足顧客需求、增加顧客價值為企業經營出發點。品牌強調與目標顧客持續互動的過程中進行品牌識別的創造、發展及保護，以達到競爭優勢。價值導向將客戶與競爭看為一個整體，去針對客戶需求形成差異化的價值。2010 後，菲利普 · 科特勒認為行銷策略已經進入了價值觀導向與共創導向，的確我們也看到，以價值觀為引導的、實現客戶共創的企業成為新時代的先鋒，如星巴克、小米、GE 都在行銷實踐中貫徹了這一點。科特勒將行銷分為了 1.0、2.0、3.0 以及最新的 4.0（見圖 2-11 和表 2-1）。

行銷 1.0 是工業化時代以產品為中心的行銷，行銷 1.0 始於工業革命時期的生產技術開發。當時的行銷就是把工廠生產的產品全部賣給有支付能力的人。這些產品通常都比較初級，其生產目的就是滿足大眾市場需求。在這種情況下，企業盡可能地擴大規模、標準化產品，不斷降低成本以形成低價格來吸引顧客，最典型的例子莫過於當年只有一種顏色的福特 T 型車——「無論你需要什麼顏色的汽車，福特只有黑色的」。

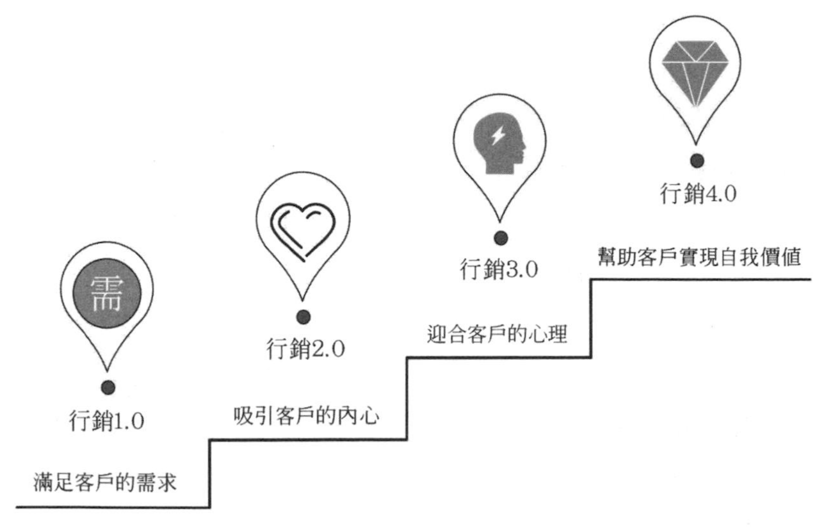


圖 2-11　從行銷 1.0 到行銷 4.0

行銷 2.0 是以消費者為導向的行銷，其核心技術是資訊科技，企業向消費者訴求情感與形象。1970 年代，西方已開發國家資訊技術的逐步普及，使產品和服務資訊更易被消費者所獲得，消費者可以更加方便地對相似產品進行對比。行銷 2.0 的目標是滿足並維護消費者，企業獲得成功的黃金法則就是「客戶即上帝」，企業眼中的市場已經變成有思想和選擇能力的聰明消費者，企業需要透過滿足特定需求吸引消費者，如寶潔、聯合利華等快速消費品企業，研發出幾千種不同等級的日用化工產品來滿足不同人群的需求。

行銷 3.0 就是合作性、文化性和精神性的行銷，也是價值驅動的行銷。和以消費者為中心的 2.0 行銷時代一樣，3.0 行銷也致力於滿足消費者的需求。但是 3.0 行銷時代的企業必須具備更遠大的、服務整個世界的使命、遠景和價值觀，它們必須努力解決當今社會存在的各種問題。換句話說，3.0 行銷已經把行銷理念提升到了一個關注人類期望、價值和精神的新高度，它認為消費者是具有獨立意識和感情的完整的人，他們的任何需求和希望都不能忽視。3.0 行銷把情感行銷和人類精神行銷很好地結合到了一起。在全球化經濟震盪發生時，3.0 行銷和消費者的生活更加密切相關，這是因為快速出現的社會、經濟和環境變化與動盪對消費者的影響正在加劇。3.0 行銷時代的企業努力為應對這些問題的人尋求答案並帶來希望，因此它們也就更容易和消費者形成內心共鳴。在 3.0 行銷時代，企業之間靠彼此不同的價值觀來區分定位，這種差異化定位方式對企業來說是非常有效的。因此，科特勒也把行銷 3.0 稱為「價值觀驅動的行銷（Values-driven Marketing）」。

行銷 4.0 是菲利普· 科特勒提出的進一步升級。實現自我價值的行銷，在物質充裕的情況下，馬斯洛的生理、安全、歸屬、尊重的四層需求相對容易被滿足，於是客戶對於自我實現變成了一個很大的訴求，行銷 4.0 正是要解決這一問題。隨著行動網路以及新的傳播技術的出現，客戶能夠更加容易地接觸到所需要產品和服務，也更加容易和與自己有相同需求的人交流，於是出現了社群媒體，出現了客戶社群。企業將行銷的中心轉移到如何與消費者積極互動、尊重消費者作為「主體」的價值觀，讓消費者更多地參與到行銷價值的創造。而在客戶與客戶、客戶與企業不斷交流的過程中，由於行動網路、物聯網所造成的「連結紅利」，大量的消費者行為、軌跡都留有痕跡，產生了大量的行為數據，我們將其稱為「消費者位元化」。這些行為數據的背後實際上代表著無數與客戶接觸的連結點。如何洞察與滿足這些連結點所代表的需求，幫助客戶實現自我價值，就是行銷 4.0 需要面對和解決的問題，它是以價值觀、連結、大數據、社區、新一代分析技術為基礎來造就的。

表 2-1 1.0 ~ 4.0 行銷時代綜合對比表

| | 1.0時代（產品中心行銷） | 2.0時代（消費者定位行銷） | 3.0時代（價值驅動行銷） | 4.0時代（共創導向的行銷） |
|---|---|---|---|---|
| 目標 | 銷售產品 | 滿足並維護消費者 | 讓世界變得更好 | 自我價值的實現 |
| 推動力 | 工業革命 | 資訊技術 | 新浪潮科技 | 社群、大數據、連結、分析技術、價值觀 |
| 企業看待市場方式 | 具有生理需要的大眾買方 | 有思想和選擇能力的聰明消費者 | 具有獨立思想、心靈和精神的完整個體 | 消費者和客戶是企業參與的主體 |
| 主要行銷概念 | 產品開發 | 差異化 | 價值 | 社群、大數據 |
| 企業行銷方針 | 產品細化 | 企業和產品定位 | 企業使命、遠景和價值觀 | 全面的數位技術+社群構建能力 |
| 價值主張 | 功能性 | 功能性和情感化 | 功能性、情感化和精神化 | 共創、自我價值實現 |
| 與消費者互動情況 | 一對多交易 | 一對一關係 | 多對多合作 | 網路性參與和整合 |

## 3．那些沒有變的行銷的本質

沒有變化的是行銷的本質。數位技術是對行銷手段和行銷方法的升級，但是它沒有替代行銷的本質。行銷的本質是什麼？作為行銷的策略應該是什麼？

下面是一些關於行銷策略的定義：

- **行銷策略是企業選擇價值、定義價值、傳遞價值等一系列活動的組合（麥肯錫）；**
- **把行銷策略作為企業創造客戶價值組合的策略性工作，所有的工作圍繞價值創造展開，行銷策略是公司圍繞目標客戶的細分、定位以及在此基礎上提供的行銷組合4P工作，包括行銷**

的市場細分、目標市場選擇、市場定位（STP）以及相關的價格、通路、促銷和產品的工作組合（AMA，美國市場行銷協會）；

- 行銷策略包括機會識別、客戶吸引與保留、品牌創造、行銷管理，公司應該關注外部機會在哪、如何深掘客戶價值、建立行銷管理架構，並在此基礎上創立品牌；

然而，從企業與諮詢實踐的角度來看，我們認為行銷策略的本質有三點核心：需求管理、建立差異化價值和建立持續交易的基礎。

- 需求管理：需求管理的核心是作為「較少彈性」的企業對「不斷變化」的市場的根源——對需求的不確定性進行有效控制和導引。市場機會就在於未被充分滿足的需求（包括反需求）和一切需求之間的失衡狀況，而行銷管理的主要任務是刺激、創造、適應及影響消費者的需求。一百多年來，寶潔其實只專注於一件事，那就是挖掘消費者最本質的需求，以精益求精的態度打造滿足消費者需求的創新產品。寶潔在公司內部設立消費者學習中心，這裡還原了迷你超市、客廳、臥室等消費者真實的生活場景，幾乎每天都有消費者來到這裡，參與各種各樣的調查、測試。研發中心還設有試點工廠，生產用於消費者測試的小批量產品，從而快速得到消費者的反饋，這些細緻入微的消費者洞察都真切融入寶潔的產品中。需求產生產品、通路實現的方式，並指導定位。

- 建立差異化價值：生態學中的有一個「生態位」（Niche）的概念，它是指「恰好被一個物種或亞物種所占據的最後分布單位（ultimate distributing unit）」，生物要想生存，就需發生趨異性進化，在不同的生態位上分布。通俗點說，即生物要想活下來，最首要的一條就是做到如何和別的生物不一樣，就是要「差異」。這在與企業在行銷上的策略思想何其相似，如果企業不能形成差異化，產品就會就會變成「商品」（Commodity）；沒有形成差異，就意味著企業發展的行銷策略是無效的，這就是Intel要做要素品牌（B2B2C branding），去建立「Intel inside」的根源，塞斯·高汀（Seth Godin）甚至直接造了一個新詞——紫牛（Purple Cow）。正如紫牛在一群普通的黑白花乳牛中脫穎而出一樣，認為真正的行銷應該是會讓人眼睛為之一亮、可以把人們的注意力恰到好處地引向我們的產品和服務的一門藝術。

● 進一步來說，「差異化價值」應該是整個競爭策略建立的核心。哈佛商學院麥可·波特教授（Michael Porter）講了一個有趣的「差異化制勝」的故事：據說居住在加拿大東北部拉布拉多半島的印第安人靠狩獵為生。他們每天都要面對一個問題：選擇朝哪個方向進發去尋找獵物。他們以一種在文明人看來十分可笑的方法尋找這個問題的答案：把一塊鹿骨放在火上炙烤，直到骨頭出現裂痕，然後請部落的專家來破解這些裂痕中包含的資訊──裂痕的走向就是他們當天尋找獵物應朝的方向。令人驚異的是，在這種可稱為「巫術」的決策方法下，這群印第安人竟然經常能找到獵物，故而這個習俗在部落中一直沿襲下來。波特教授認為，這些印第安人的決策方式包含著諸多「科學」的成分，這些「科學成分」的背後揭示出來的核心即「差異化」：正是因為半島上的其他部落都精心規劃，科學分

**析，結果造成「競爭合流」，分析過的地方反而獵物被獵完，這個靠「巫術」的部落卻獲得了「差異化的生存」。沒有實現差異化價值的行銷，只是拼成本的血戰而已。**

- **建立持續交易的基礎：能否建立持續交易的基礎，是從策略上衡量行銷是否持續的核心。蘋果公司就是一個例子，早期的蘋果，也就是1980年代的時候是一個以產品本身來凸顯優勢的公司，當時賈伯斯很倔強，蘋果電腦從硬體到軟體由他全部設計、全部包辦，小眾的定位、封閉的系統，使得蘋果在1980年代敗給了IBM和微軟。而21世紀初，賈伯斯重新回歸蘋果後，賈伯斯透過iPod、iPhone和iPad打了一個漂亮的翻身仗，除了高性能的產品、簡練的工業設計之外，蘋果最大的不同是將系統開放，透過iTunes、App Store等平台，讓使用者能夠不斷更新服務，這個時候的蘋果就已經不是一台手機、一台PC，更多是一個服務平台，使用者成為iPhone社區的一員，有共同的興趣、愛好，有群體認同，而沒有買iPhone的人就沒有歸屬感。蘋果公司從一個極端品牌導向的公司變成與消費者建立關係的樣本，這就是「建立持續交易」的行銷思路。**

賈伯斯曾經對 Nokia 與蘋果兩種模式做了一個有趣的區分：「客戶」與「用戶」。Nokia 做的是「客戶」，是產品思維，產品賣出去和客戶之間的聯繫就基本上就斷裂了；而蘋果做的是「用戶」的生意，機器不過是一個與消費者建立關係的窗口，透過窗口進入社區後，蘋果的「關係管理」行銷才開始發揮，消費者變成蘋果服務產品的反覆使用的「用戶」。沒有實現持續交易基礎的行銷，都是短期行為，不可能實現策略性的持續。

需求管理、差異化、建立持續交易的基礎，無論是傳統時代還是現在的數位時代，行銷的本質沒有變化，它們依然是有效行銷、可持續性行銷的核心。

# 第三篇

# 數位化時代的行銷能力與行銷想像力

## 篇頭導讀

在為很多企業做顧問的過程中，我發現中國大多數企業的策略存在「趨同模式」，比如深度分銷，通路精耕細作，那你的競爭對手不久也會開始複製你的模式，這種博弈就像肯德基和麥當勞在中國市場的選址，其中一家品牌店的旁邊或對面一定有另一家，我稱為「競爭博弈中，寧肯選錯，不可缺位」。回到麥可·波特競爭策略的核心——創造有效差異，可是真正在應用實踐中，創造有效差異的方法不多，而維持這種差異持久的方式更不多。

我提出兩種 CGO 可以構建的差異，行銷能力差異和品牌認知差異，前者的建立需要時間，後者建立的核心是「有效區隔，從心理上區隔」。在這個過程中，想像力尤其關鍵。正如我們在此篇中提到的，當所有人在談網路「免費策略」的時候，你可以把你的業務變成平台嗎？當「共享經濟」開始興起時，你的業務有哪些可以進入的領域？在大數據時代，你有沒有可能建立企業自己的數據銀行？

還是思維模式，這是 CGO 和 CMO 最大的不同——有策略家的邏輯，有行銷家的想像力。那麼如何衡量你的行銷效率？數位化時代，很多企業開始做「用戶為先的體驗化管理」，那麼這些體驗化以什麼為核心呢？還有，當市場上都高喊定位、品牌化策略的時候，你的公司業務、產品是否真正適合做品牌化，你真的迷信品牌力嗎？

# 01
# 超越產品品牌，構建公司品牌策略

在第 34 屆瑞士達佛斯的世界經濟論壇上，曾對 1500 名參與者（包括 1000 名行政總裁）做一組調查，有 59% 的受訪者預計公司品牌或聲譽會對資本市場產生 40% 的影響；77% 的受訪者認為，品牌對股價的影響這兩年來已經變得越來越重要。同時，品牌專家 David Aaker 分析表明：對品牌投資每成長 1%，股票回報也大約提高了 1%。從 Interbrand 發布的品牌評估報告可以看到，GE 品牌對公司在資本市場上的價值貢獻為 14%，迪士尼品牌對公司在資本市場上價值的貢獻為 68%。而從 Futurebrand 所做的資本市場上品牌表現的分析來看，強勢品牌的股價要明顯強於非強勢品牌。我們認為投資者已經認識到，品牌是一種資產，可以讓未來長期收益。在當今的競爭態勢及宏觀環境中，資本是公司發展的槓桿，而強大的公司品牌大旗，將成為企業在低速成長外部環境下，資本運作遊刃有餘的法寶。

公司品牌與產品品牌之間根本上的差異，在於二者在企業營運中的策略位置、策略功能的不同。公司品牌策略決定和指導公司業務的經營策略，為經營策略的執行與應用構建內、外部平台，強大的公司品牌將為公司產業的發展與選擇、人才聚集、投融資活動等的執行創造良好的內外部環境，進而支撐企業策略目標的實現。另一方面，公司品牌需承載實現「母合」優勢的策略功能，公司品牌是「母」，產品品牌是「子」，以公司品牌統領、助力產品品牌的發展與建設，將公司資源、公司品牌資產傳遞到每一個產品品牌，為產品品牌的發展背書。而產品品牌在企業經營策略之下，是企業經營策略實現的重要載體，同時也是實現消費者與企業連結的載體，當然，也承載著向公司品牌輸送品牌資產的責任，反哺「母」品牌，形成「母」、「子」品牌之間的良性互動，最終實現公司無形資產的積累，推動公司的持續、快速發展。

公司品牌與產品品牌的差異，具體體現在品牌塑造目的不同、涵蓋範圍不同、目標對象不同、出發導向不同：公司品牌塑造的目的是將企業價值觀和個性傳遞給利益相關者，表明企業理念和發展方向，從而建立對企業的好感和忠誠度；而產品品牌的塑造是透過建立一個有吸引力的品牌形象或訴求來推動具體產品的銷售。

談起美國奇異公司（GE），作為一家上百年歷史的多元化企業集團，對於大多數人來說既陌生又熟悉。陌生的是，很難有人能清晰界定 GE 的核心業務是什麼，GE 具體有哪些產業組合，各個產業組合在 GE 的產業帝國中的位置及在所屬行業中的地位。但是，每當提起 GE 的產業，人們的第一反應是一定很優秀，或行業的領導者。事實上並非如此，如其特種材料、消費電器、家用設備、採煤設備等業務基本處於失敗或弱勢地位，只是在飛機引擎、電力系統、醫療系統、金融服務、照明設備、交通運輸業務方面是各自行業的贏家。從作為一個產業跨度如此之大的多元化企業集團來說，GE 現在所擁有的聲譽，無疑是非常成功，不論其有多少失敗的業務單位。

問題就在於，為什麼在大眾的眼中 GE 是一個全能的、卓越的代名詞？答案就是大眾所熟知的 GE 的企業理念、企業價值觀帶來的正面回應：數一數二策略、無邊界組織、事業領域核心化（三環策略）、GE 策略事業單位組合矩陣、綠色創想策略（在全國中心城市機場候機樓都會被 GE 極富創意的綠色創想系列廣告捕獲）、精實 6 Sigma 等管理思維、管理工具的廣泛傳播。GE 無疑是公司品牌塑造的最成功典範之一，在某種意義上，GE 公司品牌資產已經完全覆蓋並延伸到 GE 的各個產品，同時以產品品牌的雙重身分示人。這就是多元化集團公司品牌打造的目標與意義，既能最大跨度涵蓋、包容、整合多元產業，也能推動多元產業下各產品的銷售。人們很難想像一個做燈泡起家，在飛機引擎領域叱吒風雲的企業，同樣在商業融資、個人金融業務、保險業務領域能振翅翱翔！

公司品牌涵蓋的範圍必須有足夠的前瞻性和包容性，能支撐、涵蓋企業所有產業的發展，尤其對於無關多元化企業集團，公司品牌務必能支撐企業經營的本質，進而統領各個產業、各個下屬企業的高速發展，並能引導、支撐企業將來可能進入的新業務。而產品品牌是以個別產品為核心，只需考慮該產品本身的發展及產品所在行業的發展趨勢。產品品牌塑造所涵蓋的範圍只是其產品本身，能把握行業發展趨勢、精準定位產品、定義獨特銷售主張、有效實施消費者溝通就是產品品牌最大的成功與意義。

公司品牌的受眾更為廣泛，包括政府及政府官員、媒體、投資者、商業夥伴、意見領袖、下屬子品牌消費者或用戶、內部員工及社會團體等。公司品牌的重要功能就是與利益相關者溝通、交流，為下屬事業單位與利益相關者的發展貢獻價值，構築和諧、有利的外部發展環境。而產品品牌的核心受眾聚焦在消費者及通路成員的溝通，是產品作為走向消費者的橋樑。產品品牌的功能就是與消費者充分溝通，提升消費者對品牌的滿意度、忠誠度及第一點擊率，實現市場占有率的持續提升，建立與通路穩定、高效的合作關係，為產品銷售奠定通路基礎。

公司品牌的發展與塑造以企業自身信念及經營理念、業務發展方向與競爭優勢為導向。如對於商業合作夥伴，公司品牌需傳遞的是能與合作夥伴謀求共同的發展與營利，並有能力提供或接觸到市場稀缺資源，給合作夥伴一個充分的合作理由；對於個人投資者、社會公眾與社會主流媒體以及社區，公司品牌需傳遞的是我們能創造持續的投資回報、是一家負責任並履行企業公民職責的企業，並能為社會及社區創造超越商業利益的和諧關係；對於政府，公司品牌需傳遞的是我們的業務架構與市場化的導向能為政府帶來稅收，推動地區 GDP 的成長，並注重環境保護。而產品品牌以消費者為導向，滿足消費者需求是產品品牌建設的根本。正是因為公司品牌承擔了與外部環境溝通的職責，產品品牌只需聚焦消費者，傳遞產品本身給消費者帶來的功能價值、情感價值，如 BMW 傳遞給消費者的是「駕駛的樂趣」、Volvo 傳遞給消費者的是「安全」。給消費者一個購買的理由、給消費者一個忠實於你的理由，這就是產品品牌建設的根本。

公司品牌與產品品牌正是由於各自在企業營運中的策略位置與策略功能的差異，決定著各自的使命，公司品牌基於企業策略、指導經營策略，承擔著與內、外部利益相關者溝通的重要職能，是公司理念、公司價值的「傳教士」，並為產品品牌的發展提供背書；產品品牌是企業經營策略的承載者，是企業開疆拓土的「先鋒」。

# 02
# 一定要品牌化嗎？——反品牌的策略何在

已經無須再討論品牌對當今企業的重要意義，但對於很多企業來講，卻需要討論是否一定要品牌化。

從富比士每年所發布世界品牌價值榜，到中國政府和企業呼籲品牌時代來臨的熱潮，「品牌」這個詞語已經帶給了中國企業太多的嚮往，同時也帶來了太多的感傷。

任何一種市場策略的表達一定要基於對問題本質的理解。品牌為什麼會存在？公司追根到底為什麼會用到品牌？希望透過品牌達到什麼目的？回答這些問題，是我們發展所有品牌策略的根本。如果這個問題沒有解釋清楚，後面的問題我想也很難把握。當你連品牌最根本的問題都不知道，你怎麼來發展？

讓我們基於一個歷史和邏輯的角度來有效解構這個問題的根本。

從歷史上看，品牌一詞原本是來自古代斯堪地那維亞語「Brandr（烙印）」。其原始意義就是烙印，用火燙在某個東西上的印記。當時西方遊牧部落在馬背打上烙印，用以區分不同部落之間的財產，並附有各部落的標記，這就是最初的品牌標誌和口號。因此，我們可以認為品牌最初的含義在於區別產品，最早是一個烙印，後來演變為一個標記。首先是造成識別作用，確認所有權，其次是透過特定的口號在別人心中留下印象。

而從品牌行銷的實踐來看，品牌的出現可追溯到 19 世紀早期，釀酒商為了突出自己的產品，在盛威士忌的木桶上打出區別性的標誌，品牌概念的雛形由此而形成。可見品牌是為了幫助消費者識別不同的產品特徵而產生。

那麼一個公司為什麼會需要一個品牌？一個產品又為什麼需要一個品牌呢？按照品牌的歷史來看，公司、產品之所以需要品牌，是因為要幫助消費者識別出自己不同的特徵，是要「以示差異」。

表面上看，我們似乎已經觸摸到了品牌存在的原因。但是如果我再追問，為什麼要以示區別？為什麼要幫助消費者識別？

從正面考慮為什麼要以示區別似乎很難得到結論，現在讓我們從反面看起：當一個事物從正面看無法駁倒的時候，還可以從反面討論，透過反證達到想要的目的。

怎麼反證呢？假設在一個市場中所有產品與產品之間，如果在消費者看來都沒有任何區別，它會出現什麼狀況？

我們可以假設一個二手車交易市場。從好車到劣車服從均勻分布，只有賣方知道自己車的品質，而買方只能根據市場上的平均品質出價。

換句話說，這個市場存在典型的資訊不對稱，產品的特點也不會告訴買家。每一台車子的性能買家都不會在買前得知，你不會知道這個車市裡面的車子的品質分布情況。我們假設在這個車市中車子的品質分布情況會從 0 ～ 1。好的時候，這個車子可能是一台剛剛出售的新車，而壞的時候買到的可能是一輛騎上去就壞的破車，然而這一切買家在買之前都不知道。

而賣家不一樣。假設賣車的人偷偷地在各個車子上都作出了一個編號，然而這個編號作為買家是看不到的。所有好車和壞車之間的區別被全部遮蔽。如果存在這種資訊不對稱的情況，你作為買方會怎麼辦？

現在假設你來買車，你要買車的話肯定受到兩個要素來約束：第一個，你作為買家所喊出的報價，賣車者是願意賣給你的，也就是說你報的這個價格是比較公允的，你不能老把價格報得太低，如果報得太低賣車者不會讓車輛出手。第二個，你的報價還不能讓你太多吃虧。如果你只要能買到多少錢都給賣主，賣主毫無疑問報最高價，那麼你會吃虧。

我們現在來做模擬，如果說你現在的報價是按照一定的品質區間來報的，比如 0 ～ 1 區間，在不明白每個車子的具體的品質區間之前，你會報什麼價？

這種正常的出價的行為舉動我們把它叫做「中間價估價」或者叫做「平均成本出價」。在面臨著資訊不明朗的時候，消費者為了規避風險，往往會採取這種保守的估價方式，往往會報價到 0.5，正好在 0 ～ 1 的平均值。

然而等你按照「中間價估價」或者「平均成本出價」——報價為 0.5 的時候，賣家很自然地把品質高於 0.5 的車子悄悄地收起來，退出市場，不會賣給你，因為這樣他就賺不到錢。第一買家過來報價 0.5 他不賣給你；第二個買家過來再報 0.5 他再不賣你；再第三個買家過來報 0.5 他還是不賣你。慢慢地，品質高於 0.5 的車子都會在整個市場中退出。

而在這個時候，整個車市的平均品質將會整體性降低，整體降低到 0.5 以下。而當整體二手車的品質在 0 ～ 0.5 分布的時候，消費者、買家將會怎麼出價？

同樣是平均成本出價，出價為 0.25。而在這個過程中，同樣的，凡是車子品質高於 0.25 的車子也會被賣家悄悄地收起來，最後退出市場。市場上，只有那些爛得不能再爛的車子堅守陣地。直到爛貨充斥市場，整個市場面臨徹底瓦解。

實際上這個例子的原型，來自 2001 年諾貝爾經濟學獎得主之一阿克洛夫（George Arthur Akerlof）。1970年，阿克洛夫發表了著名的《檸檬市場：質化不確定性和市場機制》一文，提出了檸檬市場模型，說明了資訊不對稱的後果：透過逆向選擇導致一些市場消失，以至於市場經濟不再是充分有效的。阿克勞夫論證了市場中賣方比買方更了解產品品質：如果賣舊車的人知道車的品質，買車的人不知道，他只能按照市場平均價格來支付，這樣賣好車的人就覺得不划算，不願意賣他的好車，最後只有賣劣車的人才賣車，當然買車的人也知道這是劣車，所以也不大願意買，於是這個舊車市場就可能會消失。

這個道理就像金融學裡的一個詞，叫做「劣幣驅逐良幣」。以前都是貴金屬貨幣，金子就是金做的，銀子就是銀做的，金屬價格和貨幣面額等額。但是從交易方看只看面額，而不可能測量每枚金幣的重量。然而在市場上每個人都是有小心眼、小心思的。每個人都想將金幣上的貴重金屬刮一點下來，而當每個人都在刮一點下來的時候，群體力量使貴重金屬大幅流失，最終造成了這樣一個結果市場上的貴金屬貨幣和它的面額並不相等，甚至差別很大。就這樣，慢慢那些市場上剛剛流通的足金、足量的貴金屬貨幣，被大家收藏起來，而在市場上盛行的往往是那些痕跡斑斑的劣質貨幣。

我們常常講：市場經濟優勝劣汰，然而這種「劣貨追驅逐良貨」的情形卻讓市場上的企業黯然止步。你想讓產品更好嗎？產品更好，你連賣都賣不出去，而這種狀況我們真的不願意看到。

如果這種狀況我們不願意看到，就必須先來找出造成現象的本質原因是什麼？根本上來說，是因為買方和賣方對雙方交易產品所掌握的資訊不對等，使買方在很大程度上無法區別商品的好壞。

一般來說，整個交易的雙方，賣方掌握的資訊要多一些。在人壽保險行業，如果保險公司不能對每個人的健康狀況有非常清楚的了解，那麼他給保險單的定價，就會按照平均健康狀況定價。如果購買者的身體健康水準優於平均水準，這種情況下他當然覺得現有價格不合理，因此身體狀況優於平均健康水準的人，不會接受按照平均健康狀況定標準；而那些本來就比較孱弱，身體狀況嚴重低於平均水準之下的人就巴不得快點投保。於是，保險公司只有再調低價格，而同樣的邏輯，又會淘汰一些人，再進入新一輪的博弈循環中，直至最終市場瓦解。

當資訊不對稱的時候，市場按照「平均成本」定價，而這類市場下的平均成本定價最終會演進到市場整體瓦解。因此，為了能夠解決這個問題，不讓產品跌入平均成本定價這個陷阱，企業必須要明確告訴消費者我們的產品和其他人有不一樣、有區別、有獨特性，換句話講，企業必須發射市場信號以出示自己的差異性，品牌就是最典型的信號之一。

我們在上面討論了這麼多，目的只有一個，就是要解釋品牌存在的意義。表面上看，品牌存在的本質是出示企業或者產品的差異性，而這個所謂「顯示差異」的背後，從根本上講是要處理資訊不對稱下市場瓦解的困境。這是品牌之所以存在的「原因背後的原因」，是本質背後的本質。

在這個意義上挖掘出品牌存在的意義後，我們會問，品牌對所有的公司來講，是不是都是必要的？什麼情況下一個公司可以不需要品牌？

第一種是市場上具有壟斷性質的公司，它沒有做品牌的必要性。因為它的定價權不在企業和賣家的博弈中產生，因為壟斷而自身具有定價權，說多少錢就多少錢，不會按照平均成本定價。

第二種不需要品牌的是產品品質大大低於平均定價的企業。它巴不得這個市場混亂，越混亂越好混水摸魚。

第三種是品牌得到的溢價遠遠小於品牌推廣的成本。這也是很多中國製造廠商專心做 OEM 的原因，因為對他來講，做品牌，發射這個市場信號的代價實在太大了。

還有一種就是當產品的差異非常小，很難挖掘出產品差異的時候，也沒有必要做品牌，比如說泥沙、馬鈴薯。

越不對稱的產品越需要品牌。同樣，品牌的溢價性也與資訊不對稱程度密切相關。

一般而言，品牌具有三種重要角色，即吸引顧客的「磁鐵效應」、提醒顧客有關企業的產品與服務的「提示效應」和在顧客與企業之間構建起感情紐帶的「聯繫效應」。不過，品牌資產的作用主要取決於顧客參與的程度、顧客在購買前進行品質評價的難易程度。

在下列情況下，品牌資產的作用尤為突出。

第一，顧客參與程度不高，決策過程相對簡單。對於許多產品而言，包括經常購買的日常消費品，購買決策常常已經慣例化，往往需要較少的顧客注意和顧客參與。此時，品牌的角色和顧客的感情聯繫就顯得至關重要。比較而言，當產品和服務購買決策需要較大程度的顧客參與時，品牌資產的作用一般小於價值資產。例如，在工業品市場上，顧客企業就是否應該採購某品牌的高級機械設備時，價值資產的重要性可能會大於品牌資產。

第二，顧客對產品的使用可以為他人所見，或當有關產品的經驗易於在顧客之間傳播時。例如，當具有一定身分與地位的顧客購買寶轎車時，作用最大的可能就是品牌資產了。

第三，使用前很難評價品質的信用產品。例如，律師事務所、投資銀行、廣告代理公司等，在購買消費它們的產品和服務之間，顧客一般很難對其品質進行評價。

# 03
# ID 行銷：利用身分特徵來連結消費者

對自我身分特徵的追問似乎從來就是一個哲學問題，據說現在雅典的帕德嫩神廟上仍保留著哲人泰利斯的名言：人啊，認識你自己。就像人並不是簡單地由細胞組成的生物體一樣，對企業的識別也不僅僅被圈定在廠房、財務報表乃至是品牌資產，企業應該在更廣闊的社會範圍內管理自身的所傳達的各種身分資訊，並利用這些身分資訊行銷。

## 1．為何會產生基於身分特徵的行銷

基於身分特徵的行銷，與消費者日益成長的自我意識相聯。法國哲學家皮埃爾· 利維（Pierre Levy）認為：在 21 世紀，消費者向主觀性轉變的趨勢，可能會成為商業領域所關注的一個最重要的維度。利維提出，隨著人們越來越相信情感與直覺，由米爾頓· 傅利曼（Milton Friedman）所堅決擁護的客觀主義將成為歷史。這一趨勢顯示了消費者自我身分意識的覺醒，人們更傾向於透過自己感受的世界觀，而非外界的觀點來看待世界。在這一趨勢下，企業必須發展出與消費者「個人身分」相匹配的「企業身分」，才能與消費者建立更穩固的關係，因此，向消費者有效表達「我是誰」、「我的身分是什麼」的重要性開始凸顯。菲利普· 科特勒（P. Kotler）在《行銷 3.0》中亦提到「要向消費者行銷企業的使命」，本質上就是要以自己獨特的身分特徵與消費者產生共鳴。

「消費者參與時代」的到來也需要企業利用身分特徵進行行銷。我們看到，越來越多的消費者正在作為企業價值創造中的重要一員，併入企業整個價值創造過程中，行銷的社區化和社會化行銷開始興起，客戶細分從以前的人口統計維度過渡到了社區維度、價值觀維度，消費者與企業之間的關係變成「We make it ,we own it（我們一起創造，我們一起擁有）」，企業的邊界開始模糊，消費者開始嵌入到企業中。而消費者之所以能與企業結成相互影響的社區關係，雙方必須存在價值觀高度的認可，這亦是身分特徵管理與行銷的重要內容。

還有一個重要的背景就是全球化行銷。全球化行銷中面臨的身分迷失與挑戰，亦是當今諸多企業面臨的重大問題。薩繆森（Robert J. Samuelson）在其文章〈世界依然是圓的〉寫道，由於政治和地區心理因素的存在，國與國之間的壁壘仍將繼續存在。由此看出，全球化是一個充滿矛盾的過程。在全球化發展的過程中，隨著全球貨物、技術與資訊更加無間地傳遞，強化了民族與地區自我意識，而這種意識在商業社會中則直接表現為貿易的地區保護主義和原產地歧視。為消除全球化行銷中，因為企業所處經濟與文化環境差異帶來的市場誤解與抵制，任何一家全球化公司都必須首先全面清醒地認識企業被天然賦予的身分符號。

## 2·身分是一種系統

在電影《神鬼認證》（The Bourne Identity）中，傑森· 包恩在義大利被人從海上救起，他失去了記憶，除了臀部的瑞士銀行帳號之外，他完全沒有辦法證明自己的身分。傑森從瑞士銀行找到了大量的現金、六本護照、一把槍，同時他發現自己格鬥、槍械和語言等方面的能力，他開始追查自己的身分，透過各種要素識別自己。

而識別企業的身分也是一樣，身分是一個系統，它是一組由企業最核心的理念所構成資訊集合。按照哈米德布希基（Hamid Bouchikhi）和約翰R ·金百利（John R.Kimberly）兩位教授的定義，身分特徵維度包括：公司的自我意識、組織制度安排、所有權形式與管理結構、生產目標與策略、技術以及員工特點、價值觀。

正如人一樣，識別其身分可以從外在相貌、階層、愛好等多個維度進行，但是一定有若干要素構成其最核心的區分性特質。因此，在兩位教授的基礎上，我們提煉出 4 大最核心的要素，以此來定義企業身分在行銷活動中所涉及的內涵。我們認為，企業的身分特徵最關鍵要回答以下 4 個「what」：即「What's your purpose」（企業的目的）、「What's your business」（企業的業務本質）、「What's your values」（企業的核心價值觀）和「What's your parentage」（企業的血統）（見圖 3-1）。

我們將「What's your parentage」（企業的血統）稱為「氛圍要素」，這種要素伴隨著企業的成長不斷積累形成，它包括企業的文化傳統、企業創始人及理念、歷史聲譽等因素，企業的血統，本質上是要回答企業身分中「我從哪來」的問題。我們經常遇到的「原產地效應」就是企業血統要素在行銷中的體現。通常情況下，企業先天受到血統要素的制約，但企業可以透過一些特別設計的活動，在特定地理市場和業務領域內改變淡化。比如：塔塔集團在 2008 年透過收購福特集團的路虎品牌進入高級越野車市場時，就淡化了塔塔集團企業身分與路虎品牌之間的關聯，沒有用塔塔作為路虎品牌的背書，充分利用路虎品牌原有的企業身分，來保證塔塔集團在該細分市場的成功。

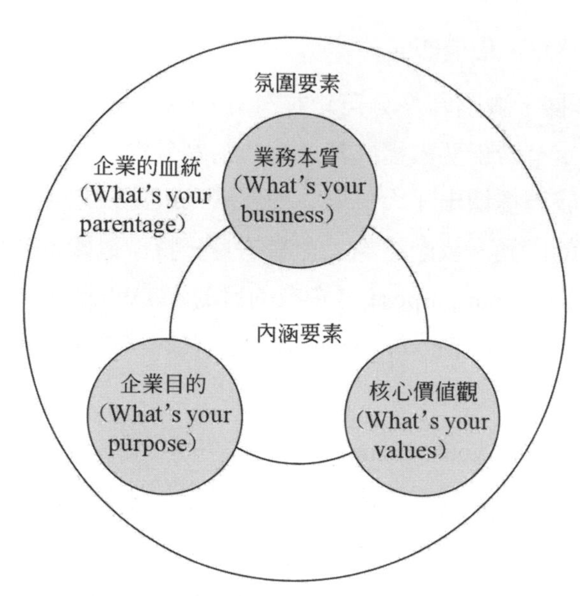


圖 3-1　企業身分的四大關鍵要素

「What's your business」（企業的業務本質）要回答的是企業身分中「我是做什麼」的問題。即使是處於同一業務領域的企業，因為對業務本質的認知不同，在市場活動中也會有著明顯的差異。蘋果公司對於 MP3 的理解沒有局限為單純的「音樂播放設備」，而是將其定位為改變傳統音樂消費模式的資源接觸平台。透過獲得唱片公司的授權，iPod 使用者可以以低廉的價格下載心儀的單曲，而不是購買整張專輯；同樣，吉列給自己業務本質的定義不是男性的刮鬍刀片，而是超市收銀櫃台三平方公尺的生意集合，這樣的身分特徵可以支持它擴展新的產品線，而不會造成消費者迷惑。在商業現實活動中，很多企業因為忽視了這個問題，而失去了清晰界定企業身分中商業意義的機會。

「What's your purpose」（企業的目的）和「What's your values」（企業的核心價值觀）是企業策略和企業文化中的核心內容，它們是要回答企業身分中「我為什麼存在」和「我以何種方式做事」的問題，它們可以向消費者傳遞除產品之外的公司獨特的精神價值，菲利普 · 科特勒將其稱為「基於價值觀的行銷」，透過價值觀而不是產品的功能利益、情感利益與競爭對手形成顯著的差異。

### 3 · 身分特徵行銷是全方位行銷

利用身分特徵來行銷和產品行銷最大的不同，在於它是試圖先行銷企業，再行銷產品或者服務，它透過雙方身分的認同乃至共鳴，結成行銷社區。擴大來看，基於身分特徵的行銷是一個全方位行銷，它面臨的對象不僅僅是消費者，而是要擴大到整體利益相關者的視角。透過對以上 4 個「What」的回答，向股東行銷「公司到底在做什麼」、「公司的業務邏輯是什麼」、「為什麼值得投資」，以獲得股東的信任與支持；向員工行銷「企業為何存在」、「以什麼價值凝聚在一起」，向合作夥伴行銷「企業的做事方式」，向消費者行銷企業經濟價值外的社會價值、精神價值。對內，企業身分特徵透過企業文化注入組織行為中；對外，身分特徵透過公司品牌的建設向消費者和利益相關者發射市場信號。身分特徵的管理成為貫穿企業文化與公司品牌的連結點。

### 4 · 身分特徵行銷的關鍵措施

落實到企業的行動層面，利用企業身分特徵來發展行銷策略和行銷組合的方式很多，我們將一些關鍵的措施進行了歸總，主要包括：利用身分特徵形成消費者社區、利用身分特徵設計產品組合、利用身分特徵來指導品牌定位、利用身分特徵發展新型通路、利用身分特徵發展國際化行銷。

(1) 利用企業身分特徵來形成消費者社區。

前面我們談到，消費者社區的形成容易培育持續的客戶關係，而與客戶建立「共鳴」是發展消費者社區的關鍵要素，企業可以塑造自身的獨特身分特徵來與消費者形成「共鳴」。維珍就是一個很好的例子，維珍從成立以來，一直在塑造一種「反傳統」的身分特質，為了行銷維珍可樂，理查· 布蘭森親自開坦克碾過放在時代廣場上的可口可樂，為了推廣自己的婚紗業務，布蘭森曾男扮女裝地出現在「維珍婚紗」公司開業典禮上。

維珍集團從不約束自己所涉獵的產業單位，但是保留並堅持住自己獨特的「反叛」身分特徵，它致力於為客戶提供「維珍體驗」，並保證這種體驗具有內容豐富和連續性的特點。這種反叛者的個性吸引了大量消費者追捧，在世界各地形成了大量的自發性的維珍俱樂部，這些狂熱的擁護者的重度消費使得維珍每進入一個新的業務領域都極容易地跨越市場早期的鴻溝。

（2）利用企業身分特徵設計產品組合。

企業也可以圍繞身分特徵來設計產品的組合，在此基礎上與競爭者形成有效的區隔。美體小鋪（The body shop）從1976年在英國成立後，就反對動物測試，並透過公平貿易購買天然原料，把「保護地球」作為公司目的和關鍵身分特徵。「支持社區貿易」是整個美體小鋪經營活動的有機組成部分，具體實施就是強調從發展中國家獲取原料，這不僅為這些國家提供了就業機會和「創匯」的市場，而且借用非市場化的資源研發出獨一無二的創新產品，例如，美體小鋪研發的新產品「巴西豆護髮乳」、「雨林沐浴球」所採用的原料，就是由亞馬孫雨林區的卡亞寶族印第安人生產的。美體小鋪透過採購原料貿易合作的方式，在全世界範圍內幫助那些貧困國家和地區的人，改善其生活、教育和衛生條件。以這種獨特的理念來作為支撐，美體小鋪的零售業務在30年內遍布全球55個國家，商店數目超逾2200間。

（3）利用企業身分特徵來指導品牌定位。

企業身分與企業的關係就像DNA與人的關係一樣，是每一家企業特有的。它有助於從根本上將企業與價值對手區別。在競爭日益同質化的情況下，強調企業自身獨特的企業身分是一種終極的差異化手段，這也可以用來解釋，為什麼越來越多的企業將自身的使命與目標與公司品牌定位及核心價值進行關聯。清晰界定自身企業身分特徵將會使企業更容易被利益相關者理解，進而建立利益相關者與企業之間的信任關係。一旦這種信任建立，利益相關者將會對該企業眾多的產品、服務和其他活動給予包容性的積極評價。飛利浦於2004年啟用了新的公司品牌標識語「sense and simplicity」，中文翻譯為「精於心、簡於形」，它清晰地傳達了飛利浦公司企業身分中關於價值觀的核心資訊，即以客戶的需求為中心，在飛利浦所參與的各業務領域內，為客戶設計與提供技術先進、簡單適用的解決方案。

(4) 利用企業身分特徵來發展新型通路。

行銷通路的創新不僅來源於競爭與消費者需求的變化，在重新審視企業身分的情況下，企業會發現一些在過去忽視的通路，而這些新通路的出現不僅是企業業務拓展的需要，而且是符合企業身分的必然選擇。

聯合利華在其官方網站這樣描述它的新企業使命——「我們將激發人們：透過每天細微的行動，積少成多而改變世界。」在這個企業使命的指導下，聯合利華針對印度農村市場開創了全新的分銷體系。這是一種類似於直銷的銷售方式：15 個農村婦女組成一個自助小組，印度利華負責對這個小組進行創業開發的培訓，讓這些婦女直接面對家庭去銷售產品，同時教育消費者了解品牌健康衛生產品的優點。每位成員每天投入一個盧比到聯名帳戶，然後將這些錢貸給小組成員，利率在 2% ～ 3%，小組成員則用這些錢作為資本去銷售聯合利華的產品。印度利華為此專門成立了新的創業投資部來負責這個項目，透過這樣細微的活動，聯合利華提高了印度農村居民生活的衛生水準。

(5) 利用企業身分特徵進行國際行銷。

在中國小包裝的食用油市場中，金龍魚品牌的系列產品占據了整個市場份額的 70%，我們曾經做過一個消費者調查，有 87% 以上的中國消費者都沒有將金龍魚看成外來品牌，而實際上，金龍魚品牌所有者是新加坡郭氏兄弟控制下的益海嘉里集團。透過淡化企業身分特徵，強化產品品牌的舉措，益海嘉里集團有效地與中國消費者拉近了距離，轉化成一個「中國本土品牌」，形成自己新的身分認知特徵。在國際行銷中，企業常常透過收購當地成熟公司、強化產品品牌、淡化企業身分的等方式來迅速擴展市場，減少國際市場行銷過程中的阻力。

# 04
# 品牌擬人化：突破消費者心理之道

每天，成百上千的資訊以各種形式競相湧向消費者。據統計，在第二天早上消費者醒來後，這些資訊中絕大部分會從他們的腦海中消失。因此，產品想在浩如煙海的資訊中脫穎而出，企業只有集中火力，在消費者的心理中占有一席之地。

特魯特在《行銷戰爭》中說：這個時代行銷的戰場，本質上已經不是在貨架，而是在消費者的心理，如何能有效地使品牌在消費者的心理中有效占位，是贏得行銷戰的關鍵。

如何突破消費者心理？從20世紀美國品牌策略的發展史來看，USP（獨特的銷售主張）、品牌形象、品牌定位、IMC都在不斷地試圖破解。USP策略強調企業要突出獨特的、有差異化的賣點；品牌形象強調塑造出一個獨特的形象，如奧格威的經典案例——「戴著眼罩男人的Halthaway襯衣」；品牌定位試圖在消費者的心理中挖掘到「我是第一」（we're first）的空間……

要突破消費者的心理，要從根本上次歸到品牌的本質意義。從產品、品牌層面講，品牌是企業與消費者溝透過程中而產生。品牌不屬於企業，品牌屬於消費者。某種意義上講，品牌代表了消費者的一種生活方式。而品牌怎樣才能被消費者有效地接受，屬於消費者呢？換句話說，如何找到品牌相對於消費者的歸屬意義？

品牌消費者最大的特徵，是在認同品牌情況下的消費。琳瑯滿目的商品，消費者為什麼認同你？表面上看，消費者購買商品是對自己利益的一種平衡決策，但是當品牌的功能差異不大的時候，這種認同的核心是什麼？回答這個問題還是得回到品牌的根源。既然品牌是在和消費者的有效溝通中產生，那麼如果我們把品牌「擬人化」，賦予品牌靈性的生命——當品牌已經不再是一個符號，而是一個人的時候，這種溝通障礙能否得到很好的化解？

「物以類聚，人以群分」，顯然我們只有與自己同類的人在一起，才會感到自在放鬆；而在一個不熟悉的環境和不同類的人群中會不自然、不自在。消費者的購買和消費行為也是如此。品牌也可以看成一個人，它也有自己的價值觀、有自己的情緒、個性乃至習慣性的活動，如果消費者認同甚至喜歡上了這個人，那麼品牌就自然地進入了消費者的心理。在這個意義上，消費者品牌消費的本質從根本上被還原到「自我概念」的滿足。

那麼品牌應該如何實施「擬人化」策略？我認為主要應該把握如下幾點（見圖 3-2）。

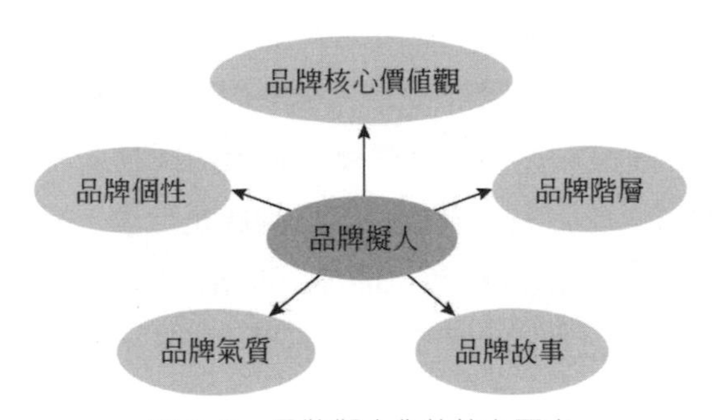


圖 3-2　品牌擬人化的核心要素

第一，精確地找出品牌的核心價值是什麼。品牌核心價值又稱為品牌 DNA。和人一樣，人的品牌的 DNA 決定了品牌外在表現的一切行為。價值觀的契合是構成朋友交往的重要因素，品牌也如此。麥當勞的品牌核心價值是「歡樂」，透過它來注入品牌元素（包括設計、傳播、推廣等）會讓消費者感到麥當勞是一個輕鬆快樂的人，如麥當勞叔叔的形象。所以我們可以看到，經常去麥當勞的人和去酒吧的人就不一樣。價值觀能聚合同類的消費者。

第二，找出自己品牌的品牌個性是什麼。心理學認為，個性就是個體在多種情境下，所表現出具有一致性的反應傾向，是個體對外界環境所做出的習慣性行為。對消費者的研究表明，消費者的個性直接影響著消費者的購買行為。品牌作為一個特殊的「人」，它也具有性格，品牌有著特殊的文化內涵和精神氣質，這就是品牌個性。品牌個性是品牌與品牌之間識別的重要依據。

一個品牌的溝通若能做到個性層面，那麼它在消費者中的形象就會極其深刻，它的溝通也會非常成功。縱觀維珍 30 年的發展足跡和品牌里程，自由、創新、價值、反傳統的個性和物超所值的品牌價值，始終承載著「維珍 Virgin」品牌，用具體的個性化產品策略、物超所值的服務措施與目標消費者的情結聯繫起來，鑄就了今天永遠創新的「維珍 Virgin」。如理查·布蘭森在他的自傳《失去處女之身》所述：Virgin 的取名，是因為 Virgin 代表性感，對消費者來說，具有豐富的聯想力和過目不忘的吸引力。它意味著追求一種全新的生活理念和個性的生活態度：反傳統中追求開放、情趣、自由；創新中體味浪漫、享受價值。這種品牌個性從第一張 Virgin 唱片開始並在產品、市場行銷和品牌塑造與推廣中表現出來。就維珍 Virgin 品牌而言，恐怕沒有誰能說出它到底是什麼，是唱片？是可樂？還是航空、音樂？但它卻以創新、價值、自由和反傳統的品牌個性，吸引著全球追求創新和自由的消費者不斷接受 Virgin，直至最後便愛和忠誠 Virgin 品牌。

第三，找到自己品牌氣質是什麼。正如有的人顯得高雅，有的人看起來熱情，有的人看起來平易近人，品牌也擁有自己的氣質。品牌氣質是消費者聽到品牌後產生的一種心理感覺與審美體驗，比如覺得雀巢牛奶有一種溫馨感；賓士有一種莊重、威嚴感；BMW 有一種瀟灑、悠閒感；百事可樂給人以年輕、活潑與刺激的感覺；HP 則給人以稱職、有教養的感覺。

對於精品牌的打造來講，品牌氣質尤為重要，它直接折射出消費者和消費品牌的格調。LV 作為精品領導者，向來諳熟此道，從 LV 專賣店展示的質感，到店內的整體風格設計，無不讓人感覺到一種高貴的氣質。LV 為了強化自己高貴的品牌氣質，在店內的人員培訓上投入了大量財力物力，每個店員至少要掌握兩門以上的外語，從走路到客戶接洽都必須表現得優雅自信。

第四，找到自己的品牌年齡。品牌和人一樣，也有自己的年齡。這個年齡不是品牌誕生以來經歷了多少年的風雨和彩虹，而是從消費者的角度來看，品牌作為一個人，年齡有多大。很多情況下，品牌的年齡要和品牌消費者的年齡相仿。「Qoo」是可口可樂公司成功推出的一個子品牌。Qoo 的所有內涵均透過其檔案完整地體現了出來：「Qoo5 ～ 12 歲，歪著腦袋，一手叉著腰，一手拿著『Qoo』飲料，一聲讓人嘆為觀止、蕩氣迴腸的『QOO』；不只愛玩，有點小淘氣，活脫脫的一個小精靈，一個隨時帶來歡樂的小夥伴，一個鮮活的小生命！」可口可樂公司透過對「Qoo」品牌年齡的精準定位，一下子抓住了 5 ～ 12 歲兒童們的心，成為可口可樂公司推出最成功的品牌之一。

第五，找到自己的品牌階層。人是社會性動物，人只有在社會中才能找到自己作為「人」而存在的意義，品牌也一樣。這裡必須指出，不同地方的消費人群對同一品牌的階層理解會有很大差異，比如說賓士在中國被看作成功人士的標誌，屬於精英人群的消費品牌，而在臺灣和香港經常被看作為「黑社會的坐騎」。

最後一點，是找到和強化自己的品牌故事。品牌故事實際上是企業將自己品牌發展過程中的一些經歷生動化，成為一個或多個的故事；同時，品牌故事也包括品牌自己根據特定的文化所演繹出來的品牌內涵。正如每個人都有自己的經歷一樣，品牌也有自己的經歷，自己的故事。同樣是賣梳子，為什麼很多企業只能做小本買賣，而譚木匠做了十幾個億？根本原因在於譚木匠把中國千年的「治木」文化鎔鑄到梳子中。

總體來講，品牌擬人化策略的關鍵就是要從消費者的角度，賦予品牌「人化」的生命，找到品牌的價值觀、品牌的個性、品牌的年齡、氣質以及故事。透過對這五個維度的有效梳理，品牌會在塑造過程中自然而然地鮮活起來。當你的品牌代表的不僅僅是一個產權意義上的商標、一個符號、一句標識語，而轉換為一個立體的，能和消費者對話、溝通並達成共鳴的「人」的時候，在與消費者的「心理戰」中，你會脫穎而出。

# 05
# 品牌觸點管理：以什麼為方向？

近兩年品牌觸點管理（Brand Touchingpoint Management）可謂是品牌方面討論的熱門話題。越來越多的企業也開始嘗試著找到自己與消費者間的品牌觸點所在，試圖對這些 MOT（真實瞬間）有效管理。以行業標籤來分類的話，會發現以觸點來管控品牌的企業主要集中在零售、餐飲、娛樂主題公園甚至是網路等行業，占到了 78.2%。而當問到「以觸點管控規劃品牌實施過程中最大的困難」時，67.4% 的品牌管理者認為在於觸點管理慢慢演化為一種行為規範，喪失了觸點管理的初衷——抓住「真實瞬間（MOT）」。

「管理接觸點」概念的最先的提出者是北歐航空公司前任總裁卡爾宗（Jan Carlzon）。他把它形象地稱為「關鍵時刻」（Moments of Truth，MOT），他認為只要在最能給顧客留下好印象的地方（每個觸點）竭盡全力，就能從消費者體驗上成功地塑造出品牌。然而，究竟要在哪些觸點重點強調，每個觸點應該達到怎樣的目的，每個觸點應該輸入哪些品牌元素，卡爾宗並沒有回答。

企業在引入品牌觸點管理時首先必須問清楚自己：每個觸點應該指向哪個方向？換句話講，這個觸點究竟要發揮什麼樣的功能？

為什麼以前很多公司在品牌管理上引進觸點管理效果不甚明顯？在於它們沒有抓住觸點管理的指向方向，而這直接導致了觸點管理只在單個層面上進行「完美表演」，沒能形成突破性的合力。只有在每個觸點背後輸入品牌的核心價值，使各個觸點的功能在策略層面上達成一致，才能從根本上達到觸點管理的作用，引爆出強勢的品牌動力。品牌觸點管理本質上是一種品牌核心價值應用的工具，企業只有在每個觸點上有意識的輸入品牌的核心價值，觸點管理才能真正意義上為品牌力的提升增效。換句話講，品牌觸點管理是一個動態的輸入過程，它必須從「touchingpoint（接觸點）」向「tippingpoint（引爆點）」過渡，以品牌核心價值為中心進行客戶體驗積累，最終實現引爆。

星巴克與其說是一個零售服務品牌，不如說是一個體驗性品牌。它的成功在於它抓住了品牌 2.0 時代的本質：抓住消費體驗，構成了消費者的一種生活方式，所以星巴克能夠斗膽放出廣告：「我不在星巴克，就在去星巴克的路上。」星巴克賣出的不僅是一杯咖啡，當然還有其獨特的咖啡文化和溫暖、舒適、香氣四溢的消費環境。人們可以在星巴克看書、聊天甚至是工作，享受其愜意的氛圍。

星巴克的品牌核心價值是什麼？創始人霍華· 舒茲（Howard Schultz）這樣回答：人情味、享受、休閒並富有情調。星巴克的獨特的體驗源於它在消費者的整個消費流程中把這些要素有效注入。比如沖咖啡時要打出絕佳的奶泡，直到蒸汽與牛奶結合發出「嘶嘶」的聲音（此觸點注入「富有情調」）；將咖啡交到客人手上時，一定要眼神交會、微笑和答謝（此觸點注入「人情味」）。

以前我們討論星巴克的體驗式行銷，當然也反覆提到它的觸點管理，但是忽視了一個最為重要的因素：這些觸點管理、這些細節設計是存在一個統一的方向，那就是星巴克的品牌核心價值。只要在這個層面進行觸點管理的設計，才能有效地撬動品牌資產的提升。

同樣還是星巴克的故事。在過去十年中，為了擴張所採取的種種措施，試圖加快企業的運作效率。引進了濃咖啡機，密封袋裝的咖啡粉取代了現磨咖啡豆，加快了煮咖啡的速度；推出了速食，試圖擴大利潤源。從每個觸點來講，星巴克服務能力似乎更強了，但是結果如何呢？

星巴克客流量嚴重下滑，股價直跌。而這一切的根源在於星巴克在過快的擴張中，雖然透過觸點保持甚至提升了服務能力，但是由於擴張中觸點內容的變動，沒有整體指向星巴克的品牌核心價值——「人情味，享受、休閒並富有情調」，使星巴克整體性的體驗喪失：引進了濃咖啡機，卻阻礙了咖啡師與顧客的互動；密封袋裝的咖啡粉取代了現磨咖啡豆，咖啡香味也就不夠濃郁；科學化的店面設計使效率提高，卻使咖啡館失去了靈魂和個性。客戶消費體驗的究竟要體驗什麼？是你品牌的核心價值！當星巴克在體驗式管理中喪失了核心價值的方向，它將不再富有情調，不再吸引人，消費者對它的比較物也許變成了麥當勞——推出了更便宜的咖啡，還可以免費續杯！因此我們可以看到，觸點管理中，如果沒有把品牌核心價值有效、反覆的注入，品牌資產會迅速貶值，這些才是觸點管理的精髓所在。從這個意義上講，我非常反對星巴克開始製作瓶裝咖啡，並滲入各種零售通路兜售，它會在觸點上對星巴克的品牌價值進行嚴重的破壞。

2008 年 1 月 7 日，舒爾茨重掌 CEO 大權。2 月 26 日，他宣布全美 7100 家直營店同步暫停營業三個半小時，逾 13.5 萬員工一起「閉關修煉」咖啡蒸煮技巧，期望找回貴客的心。這也是星巴克創業 20 年來，首次以暫停營業方式重新學習煮咖啡。

品牌觸點管理的目的，是積累消費者的品牌體驗。觸點管理管什麼？每個溝通細節指向何方？這些都必須以品牌的核心價值為源頭思考答案。只有在品牌核心價值的統合下，在每個觸點上有效植入，這樣的品牌觸點管理才有意義。「touchingpoint（接觸點）」只是出發點，只有從根本上把品牌觸點植入了核心價值，才能達到「tippingpoint（引爆點）」，撬動品牌資產！品牌觸點管理，必須以品牌的核心價值為方向！

# 06
# 品牌管理，管什麼？

時至今日，品牌的概念已經深入人心，已經成為大部分集團企業高管非常關注的問題。然而在我過往實踐中，卻發現許多客戶，甚至品牌工作的負責人員其實並不清楚品牌管理的內容與實質。

從字面的角度，品牌管理當然是管理企業的所有品牌；但品牌本身並非邊界清晰的產物，是一套企業的 VI？是企業的推廣工作？是客戶的認知資產？在不同的企業中會有不同的解讀。在產品驅動的單一業務中可能還容易劃分，產品即品牌，品牌與行銷工作共同管理；若在產品線稍微複雜一些的企業裡，尤其是擁有多個事業部的集團公司中，品牌管理就成為了不可描述的祕密。

在科特勒的諮詢方法論中，品牌管理其實界定得非常清楚。

## 1．管理組織：誰來管

很多企業，尤其是業務複雜的集團化企業，往往設立了專職品牌管理職位，甚至是品牌管理部門。因為日常工作中這些企業發現，業務品牌在業務行銷部門帶動下還可推動品牌工作，在公司總部缺乏一個主體來負責公司品牌工作。但在過往項目經歷中我們發現：很多企業的品牌部門實質上處在被「架空」的狀態。業務部門認為，業務品牌當然是跟隨業務行銷工作來完成，品牌部門只需要負責企業品牌就足夠了。而企業內部業務部門往往處於較為強勢的地位，因而最可能出現的結果，就是公司品牌部僅僅負責一些無關緊要的公司品牌傳播工作，脫離業務品牌運作公司品牌。長此以往，業務品牌會變得比公司品牌強大，而且同一公司的不同業務品牌之間，就缺乏足夠的一致性和相互協調的可能。

要解決這一問題，就需要從公司高管層面就建立品牌集團軍的認識，業務有業務發展的需求，但是公司品牌也有發展的必要。在需要公司品牌協同的同時，甚至能夠捨棄部分業務發展的短期利益。建立從公司總部到業務部門的獨立品牌管理組織是第一步。核心領導部門當然是公司總部的品牌部門，但高管也需要參與當中，在品牌部門無法協調業務線和其他職能部門時，高管需要從策略的層面通盤考慮進行協調。在業務部門中需要建立品牌管理的專業職位，在資源限制的情況下可以考慮暫時兼任。業務部門的品牌管理職位，需要服從品牌管理部門的工作安排，同時還需要服從所處業務部門的領導。為了更好開展工作，一方面需要業務部門領導與品牌管理部門領導之間的相互理解與溝通，也需要從績效考核的層面，保留品牌管理部門與業務部門兩方面的考核權力。這樣，就能形成最基本的從策略層（公司高管）、策劃層（品牌管理部門）到執行層（業務部門品牌管理崗）的三層品牌管理組織，足以應對大多數集團化企業的品牌管理需要。

## 2．管理模式：怎麼管

與策略管控類似，品牌管控模式，實質上是確定不同的組織角色在不同管理內容當中的管理權限設置。不少客戶原本的業務品牌工作包含在行銷工作中，品牌管理部門就無法對這些工作進行有效管控。建立了三層品牌管理組織之後，就需要重新明確各項管理工作的管控權限，將業務部門品牌工作中的部分權力往上集中到公司總部中。

由於各個企業的管理風格以及策略管控的不同，會有多種品牌管控模式。但無論是哪一種模式，都需要堅持一個原則：賦予總部品牌管理部門足夠的獨立自主的決策權力，確保高管成為品牌工作最終負責人。按照我們的處理經驗，有一種最為簡單的管控模式可供大家參考：將品牌管理的各項工作項簡單劃為公司品牌的管理和業務品牌的管理。在業務品牌管理領域，總部管理部門主要承擔事後的監督權和備案權，確保業務開展的市場及時性。在業務品牌經常需要涉及公司品牌的內容，應盡量建立模板提供給業務部門使用。在公司品牌管理領域，總部品牌管理部門將承擔策劃和執行權力，並要求業務部門執行配合。公司品牌的重要管理內容、審批權需要交給公司高管來完成，確保重大方向符合策略方向。但日常的管理內容，品牌管理部門內部進行審批即可。

### 3．管理流程與制度：管什麼

曾有客戶跟我說：業務部門的同事認為某些活動屬於行銷活動，不需要走品牌管理的流程。不可否認的是，確實在企業內部既存在單純的傳播活動，也存在以業務發展為主要目標的行銷活動。不僅活動如此，廣告、公關、素材，幾乎所有行銷元素都可以按照不同的目的進行劃分。然則，如果從企業建立品牌的策略出發，實質上企業與外界接觸的任何界面都與品牌脫不了關係。因而從顧問的角度，我們更傾向於建議客戶不對這些行銷元素進行這樣的區分。一個原因在於，很難劃分清楚，權責不清操作就亂；更重要的是，將所有的行銷元素納入品牌管理的範疇，有助於業務部門乃至公司高管都能逐步的產生品牌意識，在行銷運作的過程中能充分考慮建立品牌形象的長遠導向，不會輕易作出的短期有利，但損害長期品牌形象的決定。

因此，整個企業與客戶接觸的所有界面，都屬於品牌管理的直接對象。常見的品牌管理對象包括品牌計劃、品牌識別、廣告、公關活動、品牌合作夥伴、品牌知識以及品牌資產。企業需要透過流程和制度來落實品牌管控中確定的各方角色和分工。為提升業務開展的效率，與市場直接接觸的行銷元素，可以考慮採用業務部門主導的方式來進行，但品牌管理部門仍然需要參與其中，透過事前稽核、事後備案總結的方式逐步推動業務以更具品牌化的方式來開展活動。但品牌管理部門需要自我提醒不忘初心，品牌建立的目標就是與客戶建立更為緊密的關係，品牌管理的目的是更好的開展業務活動。切忌為了管理而管理，傷害業務開展的效率與成果。

# 07
# 社群媒體時代的危機公關：後現代藝術的原理

載於雜誌《商學院》：

CEC 是 IBM 提出的一個概念，即執行客戶總監。簡單、形象地說來，像羅永浩（羅永浩在西門子門口砸了冰箱）那樣的消費者（對企業來說，就是客戶），就是典型的 CEC，挑剔、理性、強勢、有一定社會影響力。而從某種意義上來說，因為行動網路的發展、社群媒體的興盛，越來越多的普通消費者變成了 CEC，或者說，有變成 CEC 的「潛力」——因為「發聲」管道增加、社群媒體的擴音作用，每個消費者的影響力（對朋友、對企業）在擴大。「消費者和品牌產生互動的週期和頻率急遽增加，一個小的反應正在運行，不知道什麼時候就會發生巨變。」如果你的公司有個羅永浩那樣的客戶，你會怎麼做？

王賽：世界在「社會化的關係互聯」中聚合、發生、變革，換句話說，以前消費者更感覺企業的行銷是 G2P，即 Group to Person；而現在因為有數位媒體，如 Facebook、微博，使消費者可以橫向連結，企業行銷變成了 G2G（Group to Group），消費者對企業的討價還價能力大幅增強，甚至消費者可以聯合起來一起對企業 say no，這就是羅永浩事件背後行銷環境的改變。

有沒有可能先發現 CEC？按照前社群媒體時代的危機公關思維，企業應該尋找有可能的「關鍵人物」（Key Man），進行言論關注與監測，設定不同的危機級別，然後進行管理。可是，我覺得在這種社群媒體「強連結」的時代，這種管理思維現在難以見效，有人提出「漁網理論」，說現在的企業不可能用窗簾遮蔽火苗，企業在社群媒體時代已經像套上漁網一樣，大部分都暴露出來，企業發言人剛在主流媒體上否認，結果 1 秒鐘不到微博上就真相大白，中石油、紅十字會都碰到這種情況，「insideman」到處都是，突發性與爆破性太強，無法預測誰有可能是下一個 CEC，下一個炸彈在哪。對於這種資訊趨向高度對稱的時代，企業危機公關也要學會「利用消費組群」，要投資與建立起自己的支持部落，把危機公關從「企業 VS 消費者」轉移到「支持力量的消費者 VS 不滿客戶」。

菲利普·科特勒把一個案例引入他的新版教材，這個案例的主角是戴夫·卡羅爾，他在乘坐聯合航空從加拿大去美國加州時，看到自己的吉他被行李員像「丟鏈球」一樣裝卸，竟至於損壞；為表達不滿，他創作歌曲《聯航損壞了吉他》並上傳網路。短短幾天，這段歌唱影片的點擊率超過 60 萬次，它產生的巨大社會影響力讓航空公司不得不低頭認錯。在這個案例中，如果我們將情境復盤，聯合航空應該怎麼辦？公開低頭認錯嗎？那就是傳統危機公關的思維。聯合航空應該讓自己的支持組群去做辯護者，讓兩個端口消費者之間對話，引導「擁護者」站出來，同時也可以及時組織一首歌曲，嵌入損壞過程並幽默道歉，以此去回覆那些不滿的消費者，讓整個回應過程變得「輕鬆有趣」，這就是「濕行銷時代的公關」，要有趣地引導自己的擁護族群說話。這個時候，CRM 要變成 MRC（managing real-time customer），時時互動非常重要。

這裡引出很重要的一點，傳統行銷向社會化行銷的轉型關鍵，是行銷角色的轉變——從「影響消費者」到「幫助消費者表達」，由「品牌主體創造內容」（Brand Generated Content）到「客戶創造內容」（Users Generated Content），我上半年到很多企業調查，看他們怎麼做，結果他們做社會化媒體變成了做微博，做微博就變成了每天固定發文，起不到半點效果。必須得說，「社會化媒體行銷≠微博行銷」。社會化時代行銷策略應該從頭到腳都貫穿「讓客戶創造與表達」的思維，傳統行銷的 4P 都得變，比如產品（Product）以前是自己設計，現在得學會運用「雲端智慧」，讓客戶一起做，寶潔的 C&D 項目就是運用這個思想，效果非常顯著。比如價格（Price），更要彈性化，甚至讓客戶參與定價；通路（Promotion）中每個族群的客戶都可能變成你的分銷通路；還有就是行銷溝通、品牌，就更需要讓消費者參與。拿 2017 上半年碰到巨大行銷問題的某著名網路服裝公司來說，社群媒體時代他們應該怎麼轉型？我認為完全可以開發出一個簡單的 APP，讓消費者可以自己用這個簡單的軟體設計 T-shirt，然後設計完後放在自己的微博上 show，至於衣服的定價則可以這樣設計——如果是自己設計，定價可能要賣到 200 元 / 件，而賣得越多，則自購的價格可能越便宜，當可以賣到 50 件的時候，這件 T-shirt 可能只要 29 元。這個時候，那個設計的消費者就可能會請朋友買自己設計的 T-shirt，客戶又變成了你的「通路」，而且由於這件衣服是消費者參與的設計，就會有高度的品牌忠誠和宣傳效應，並主動透過社群媒體放大。

上面我說的是一個典型的用社群媒體做行銷的方法。我一直以來有個比方——傳統行銷與社群媒體行銷的區別，就好比是巴黎兩座著名博物館的作品：傳統行銷好比是羅浮宮裡的西方古典畫作，此作品全部由藝術家完成，觀賞者只需去欣賞與理解；而社群媒體行銷要做到的效果好比是龐畢度國家藝術文化中心裡的現代、後現代藝術，一眼望去看不懂，每個人都有自己的理解，然而作者和觀察者兩者一起完成了藝術本身的意義。

所以有人說：後現代藝術，是一門需要與觀賞者一起完成的藝術。社群媒體行銷就是這樣，你需要企業和消費者一起完成這個行銷過程，缺一個維度，它就不是好作品、不是好行銷。

# 08
# 你迷信「品牌力」嗎？—— B2B 市場上的品牌角色

相對於B2C市場，B2B市場需要完全不同的行銷和銷售方法。然而，在 B2B 市場上，許多企業在以犧牲其他方面的投入為代價持續對企業的銷售和行銷活動進行投入。下面將對 B2B 市場中接觸客戶的主要銷售和行銷問題進行探討，並識別有待改進的地方。

多數 B2B 企業在努力建設自己的強勢品牌，隨便打開一份季報、一篇文章或一份新聞通稿，都會看到這樣的話：「品牌建設是我們工作的核心，強勢品牌將使我們更容易被市場接受。」

對強勢品牌的「迷信」，已經驅使開展 B2B 業務的經理們將大量資金投放到廣告、公關、直銷和其他品牌建設的活動中。例如：為了推廣電子商務夥伴，IBM、Ariba 和 i2 決定投入 6000 萬美元來搞一次大規模的公關和廣告活動。在此之前，3COM 公司宣布了其關於一項價值 1 億美元的廣告系列計劃，這些活動將主要用來強調 3COM 公司的「為企業提供功能齊全且非常簡單的網路解決方案」這一價值訴求。上述各種行動的邏輯依據是：強勢品牌將創造銷量和顧客忠誠。

但是，對 B2B 企業而言，建立強勢品牌究竟意味著什麼呢？品牌在 B2B 市場上造成什麼樣的作用呢？有強勢品牌就足夠了嗎？

是的，強勢品牌對 B2C 市場和 B2B 市場上的供應商而言都很重要，但是，它們顯得「重要」的原因卻不相同。強勢的消費品品牌能促使顧客購買產品，防止轉移購買競爭者的產品，並降低價格的敏感度，這與 B2B 市場的情況不一樣。在 B2B 市場上，強勢品牌能引起你的注意和考慮，但通常不會直接導致購買（採購）決策，也不會增加顧客的忠誠度或降低價格敏感度。比如，IBM 的銷售人員可能會比其他不太出名的企業銷售人員更容易接觸顧客；但是，當顧客最終因為 IBM 的品牌影響力而購買產品時，其決策的時間反而拉得較長。

下面的內容可以很好地解釋品牌在 B2C 市場和 B2B 市場上的區別。消費者主要受個人的品味和風格影響，而企業主要受追求利潤的影響，因此，企業在做採購決策時會變得很理性，它們以產品（或服務）的功能和表現為基礎來做決策，而且，它們按照產品（或服務）的成本降低、產量增加等能力來評估產品（或服務）的功能和表現。由於存在上述區別，我們必須以完全不同於接觸消費者的方式來接觸企業顧客。

首先，產品（或服務）的利益，必須最終能以貨幣術語的形式來描述。產品「最快」、「最易升級」、「最完整」當然不錯，但是，這種卓越的價值如何用貨幣術語來體現呢？它能降低顧客成本多少？

其次，產品（或服務）利益的貨幣價值必須能夠被清晰、流利地表達出來，要做到這一點，必須對顧客或潛在顧客做深入研究。

最後，應該相對於「下一個最佳選擇」來表述產品（或服務）利益的貨幣價值。許多 B2B 企業已經習慣於將新交易方式與舊交易方式做比較。例如，基於網站的 B2B 電子商務採購活動的效率，要優於傳統勞動密集型，費時費力、以傳真和電話為形式的交易方式。然而，隨著新的電子商務交易工具加入競爭，顧客面臨更大的選擇時，這種比較就沒有什麼意義了，此時，更準確的比較應該是基於「下一個最佳選擇」的交易功能來進行，但很少企業這麼做。

為了用正確的方法接觸 B2B 市場上的顧客，企業應該參照 Anderson 和 Narus 的《企業市場管理》一書中的相關內容來建立自己的「顧客價值模型」，「顧客價值模型」可以以貨幣術語的形式，詳細描述供應商所提供、可提供的相對於競爭品的價值。

在構建「顧客價值模型」的過程中，企業需要仔細檢查自己在提供內容〈產品、方案、系統、服務〉時影響或能夠影響產品功能及表現的方式，它可以以貨幣術語來表達影響的大小（如單位交易成本、每個小時的產能等）。此外，該模型還會對競爭者的產品供應做一個類似的分析（而不管「下一個最佳選擇」是什麼）。由於該項研究是顧客在真實的使用情形下開展，所以它能提供一份客觀、數據導向的比較結果，它能幫企業在自己能提供卓越價值的細分市場上尋找新的機會，也能幫企業在價值訴求相對薄弱的細分市場上提供支持。

這樣做很重要，Anderson 和 Narus 認為，企業顧客在競爭品之間做選擇時主要看兩點:價格和價值。舉例來說，假設一家企業正在權衡兩家「學習管理系統」（LMS）供應商的建議書（方案），一家供應商叫 Saba，另外一家供應商叫 Docent，此時，該企業會參考以下方程來比較兩家供應商的產品供應。

（價值 Saba—價格 Saba）VS（價值 Docent—價格 Docent）

該企業會選擇在價值和價格上能提供最大差異性的 LMS 供應商，而不以價格最低為標準。當然，企業通常不以這種方式來做採購決策。然而，他們不做決策通常是因為沒有哪一方（供應商）能真正成功地描述本企業產品的價值。

這種心理分析的結果是：一定要透過各種方式繼續建設自己的品牌，但一定要清楚，在 B2B 市場上，光有強勢品牌是遠遠不夠的。你可以運用你的「品牌」來快速接近顧客，但是要利用「價值研究」來成交。

# 09
# 升級行銷效率：如何使你的行銷管理精實化？

當龐大的行銷費用開支過後，企業卻得到失望的銷售業績時，你是否意識到問題所在？

在各種「概念性行銷」充斥市場的時候，大家可能都會將注意力轉向各種更具戲劇性的「噱頭」，或更加龐大的市場推廣活動。這種行為可以理解，因為在中國的市場發展過程中，不乏憑藉各種天才性的策劃與靈光一現式的銷售靈感啟動銷售狂潮的案例。從近二十年的中國行銷史來看，孔府家酒、腦白金、蒙牛，無一不是這些案例的主角。

但市場的迅速成熟與行業高速發展的規律告訴我們，在選擇正確的事情後，應該聚焦的是我們如何更有效地實施既定的行銷策略。在中國這個從不缺乏對行銷藝術性因素關注的市場，今天所缺乏的是對行銷科學性的深入理解與關注。從科特勒諮詢集團（KMG）的一項企業行銷能力研究報告中發現：87.2% 的企業 CEO 和 CMO 開始將注意力從市場策略，轉移到行銷效率的提升；71.3% 的行銷負責人認為制約當前行銷突破的重點，在於行銷過程中效率過於低下，資源在投入的過程中沒有得到預期效果。

基於此，我們認為當前中國行銷管理提升的方向，應該向著以「行銷效率」為核心的精實行銷（Lean Marketing）邁進。精實管理理念中以「價值唯一導向」與「及時改進」為代表的量化指標管理理念，更能幫助我們實現對行銷效率的審視與提升。

在企業價值鏈環節中，行銷作為將企業控制、擁有的產品和服務，轉化為公司利潤的直接環節，其重要性不言而喻。與企業內部任何一項工作一樣，這個利潤使工作順利開展，同樣需要相應的資源投入與支持，這些行銷資源的投入與企業銷售之間的比例，反映出了行銷效率的高低，精實行銷的本質就是將行銷效率進行系統的量化與管理，精準增強行銷的投入一回報能力。在中國市場上我們往往能發現：企業之間的競爭理念往往大同小異，尤其在那些產品已經高度同質化的行業，如勞務家電、工程機械中的挖掘機及鏟土機行業，各企業所提出的行銷理念並無本質區別，都是「科技領先、服務卓越、價格優勢」或者這幾者之間的組合，其競爭策略差異上也並不顯著。在這個背景下，圈內很多人開始關注「執行力」，以執行力為核心來強化策略實施的效果，而對於行銷策略執行的過程效果與結果效果的檢測與持續改進，引入「行銷效率管理」可以立竿見影。

哈佛大學行銷學教授李維特曾說：行銷活動的本質，就是讓更多的人購買更多的本公司產品。這句話雖然有它的局限性，但我們可以從中抽離出企業行銷業績實現的根本邏輯。根據客戶與企業發生業務往來的歷史關係來看，企業的銷售業績主要來源於兩個維度：新客戶的購買和既有客戶的重複購買。在這個根本成長邏輯的指導下，我們就可以將行銷效率分拆為「新客戶獲取效率」與「現有客戶的忠誠度管理效率」，即行銷效率＝新客戶獲取效率 × 現有客戶忠誠度管理效率（見圖 3-3）。

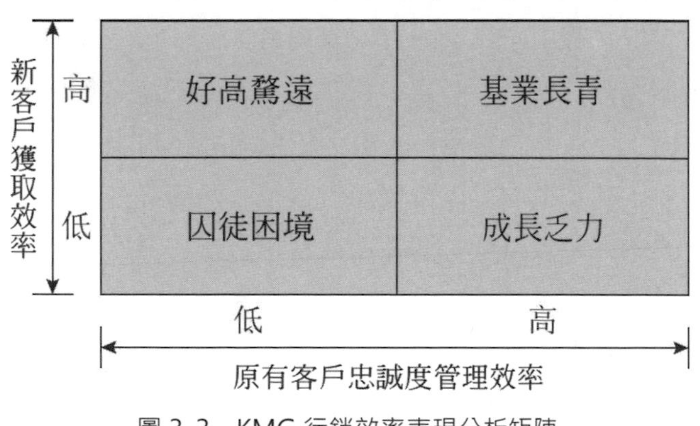


圖 3-3　KMG 行銷效率表現分析矩陣

新客戶獲取效率：如果行銷效率中新客戶獲取效率低下，則反映出總體利潤區中新的客戶量在減少，或者是企業在競爭中比較優勢在減弱，新客戶群體更多地被競爭對手占有。

現有客戶的忠誠度管理效率：一旦客戶與企業進行了第一次成功交易後，企業與將擁有對該類型客戶開發的先發優勢。如果產品和服務的承諾在使用體驗中兌現，企業將有可能再享受客戶新增的同類型需求帶來的銷售貢獻。同時，該類型客戶的轉介紹與口碑傳播，都是極具說服力與效率的行銷推廣活動，針對現有客戶的交叉銷售和激發他們進行二次行銷推廣，都是企業提高行銷效率的重要手段。

如果我們將「新客戶獲取效率」與「原有客戶忠誠度管理效率」聯合分析，就會出現四種組合，如圖 3-3 所示（科特勒 KMG 行銷效率表現分析矩陣）。這四種組合將企業行銷效率面臨的困境歸類，理清行銷效率問題的關鍵所在。我們將逐一對這些症狀分析。

（1）基業長青型：企業吸引新客戶的速度理想，同時，企業一旦與客戶建立業務聯繫之後，非常重視客戶同類型產品的重複購買與交叉銷售，在第一次付出行銷資源後，節省再次行銷費用的付出，使行銷成本逐漸降低。我們將這種類型的客戶稱為真正的「精實行銷效率企業」。

（2）好高騖遠型：該類型的企業在市場推廣方面極為重視，品牌的市場化表現良好，吸引了大量的首次購買者，但一旦完成了交易之後，後續的管理與服務無法使客戶滿意，這些引入客戶的流失率高，重複購買率低。這種局面下，有些企業會投入更大的精力進行市場招攬活動。這種效率類型的客戶，在短期內可以實現銷售業績的迅速提升，但因為行銷活動投入大，企業的行銷效益低。從長期來看，企業的客戶交易的促成成本越來越高。由於缺乏來自原有客戶的低成本交易帶來的利潤積累，企業的資源在不斷流失是典型的好高騖遠，缺乏根基的表現，而這種情況在中國的企業的行銷實踐中最為普遍。

(3) 成長乏力型：該類型企業在創立初期獲得了良好市場反應，積累了相當多的客戶資源，並且在合作中自發形成了穩固的合作關係。企業內部對於目前客戶規模帶來的利潤滿意，而對開闢新客戶所要付出的成本和風險猶豫不決，導致了新客戶遲遲無法為企業成長貢獻應有的作用。雖然，這種類型的企業可能在當前表現出來交易成本較低、企業現金流穩定的良好現狀，但企業的成長速度緩慢，未來發展聚焦在原有客戶的持續合作，如果原有客戶在經濟週期中脫落，企業就會受到嚴重影響，這在當前中國經濟震盪中常常可以看到，這種企業在一些利基市場中會經常出現。比如在創業板上市的公關公司藍色光標，2008 年度的主營業務收入的 60% 都來自於聯想一家，雖然有行業的競爭限制的因素，但企業的新客戶來源無法為公司貢獻足夠的銷售收入，主要來自於少數大客戶自身每年業務需求的增加，而一旦客戶調整合作夥伴，將對企業的發展產生重大影響。

(4) 囚徒困境型：這種類型的客戶在新客戶獲取和原有客戶的保持效率方面表現都不理想。企業的客戶基礎岌岌可危，這種類型的客戶在分析企業行銷效率之外，還要審視自身行銷策略的方向，確保企業的市場地位與努力方向的正確性。

透過行銷效率在「新客戶」和「忠誠客戶」兩個維度的表現，企業可以基於此審計出自身的行銷效率，主要是在哪個維度上被損耗，提出自身行銷管理精實化的方向；同時，需要指出的是，企業並非要對以上兩個維度都給予關注，其關注的重心需要結合自身的行業週期和競爭策略，比如說同樣是經濟型酒店，在五年前「劃定地盤」是策略關鍵，因為過了這個爆發週期，再怎麼強化客戶忠誠度管理效率都失去了策略優勢。所以我們看到了如家酒店粗放式的併購、重組與擴張；而到了今天，當市場的爆發性成長速度放緩，客戶忠誠度管理效率開始成了關鍵決勝因素，因此在這塊進行投入的企業開始獲取競爭優勢，比如說在紐約證交所上市的七天。換句話說，行銷效率管理或者說精實化行銷，必須要基於正確的行銷策略。

基於此，我們提出了精實行銷管理（Lean-Marketing Management，簡稱 LMM）的思想，精實行銷管理是精實思想（Lean-Thinking）在行銷管理上的具體應用，它的思維核心是行銷策略制訂後，企業將實施行銷管理的過程按照「客戶—企業關係界面」的關係過程，與利潤之所以產生的邏輯鏈細化，找出行銷過程與兩個關係界面之間的影響邏輯，並以定量可測化的指標進行監測與管理。

我們將行銷管理從「客戶—企業關係界面」的關係過程與利潤生成邏輯切分為六個維度，分別是「資訊價值傳遞效率」、「交易過程效率」、「產品/服務交付效率」、「企業售後服務效率」、「客戶忠誠度管理效率」與「銷售績效效率」。前三個維度更多折射出行銷策略下客戶的獲取效率，之後的兩個指標更多反饋持續行銷力，最終達成「銷售績效效率」這個結果性指標。在應用這個模型時，我們需要指出的是，不同行業的企業應該結合行業的具體特質、策略重點對指標進行再設計與篩選，尤其在不同的行銷策略下，效率指標的關注點可能會有顯著差異。比如說，同樣是快速消費品行業，P&G 對於新產品的早期階段更關注「資訊價值傳遞率」，其他行銷效率的關注度可以暫時放下，先肯定產品資訊能有效到達客戶心理，而對於一些急需靠新產品快速獲利的企業來講，「交易過程效率」卻成了行銷效率管理的核心。還是那句老話，管理模式跟隨策略路徑，這個是應用精實行銷管理模型時必須考慮的前提（見圖 3-4）。

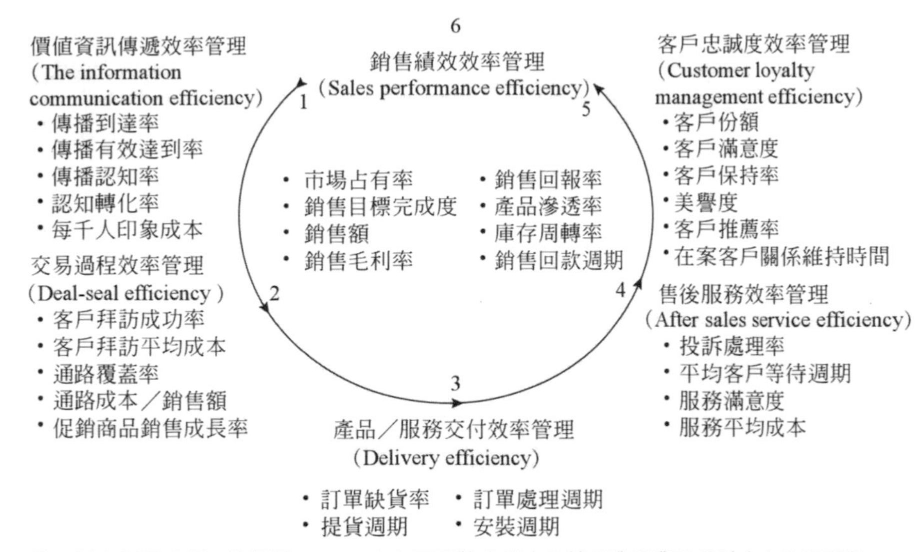


注：以上指標爲提示性指標，KMG會在不同的案例中依據行業與業務重點方向進行調整

圖 3-4　科特勒 KMG 精實行銷管理實施模型

在精實行銷管理的六個維度之下，我們又給出了測量的關鍵指標，這些可以幫助成長總監與 CEO 對管理效率量化與檢測，我們建議企業將這些量化指標直接植入企業的行銷管理資訊系統（MIS）中，這樣更能幫助企業對於行銷效率的檢測與改進即時化、持續化。

「資訊價值傳遞效率管理」是 KMG 精實行銷管理的第一環，它反映出客戶對於企業產品 / 服務資訊的接收程度與轉化程度。資訊價值傳遞效率弱將會制約到後面系列環節的效率提升。我們曾經為某中國大型銀行進行深度的行銷策略服務，在客戶存款業務之外，該銀行針對客戶需求，開發與引進了大量的零售銀行業務，包括黃金、基金與外匯，然而行銷績效不佳。經過我們近 2 個多月的深度客戶調查發現，近 72.3% 的零售客戶並不了解該銀行的這些產品，甚至對一些金融零售產品不知曉。顯然，「資訊價值傳遞效率」制約了該銀行零售金融業務的突破性發展，而之前該銀行更多的把問題的癥結放在銀行據點的服務提升上，經過在行銷效率管理方向的調整，該銀行試點性省行業務，在同年實現了超過 130% 的成長。

「交易過程效率」反映的是企業與客戶之間在銷售層面的接觸效率，裡面有兩個關鍵維度：一個是通路維度；另一個是銷售維度。當年張海接手健力寶後，迅速推出新飲料產品「第五季」，短時間內在媒體上投放了幾億，一下子使全中國的消費者都知道了健力寶的這個新產品；然而到商超一看，產品卻難以買到。「第五季」的通路上架速度、範圍，大大制約了其行銷績效。因此，我們可以看到國際快消企業，無論是可口可樂、P&G 都非常關注行銷中的「交易過程效率管理」，對於通路的管控採取精耕細作策略，著力提高客戶平均拜訪成功率，降低客戶開發平均成本。

「產品 / 服務交付效率」反映的是交易達成後，產品或服務傳遞到客戶手中的快慢。早在 1988 年，小喬治斯托克斯就提出競爭優勢的動態性，並在當時環境下提出，時間是位於潮流前段的要素，企業要將時間管理作為企業運作最強大的競爭力泉源，也就是後來提到的核心競爭力的表現形式之一——速度。從行銷管理的層面來看，交付效率是客戶能明顯感覺到的重要「企業速度元素」。快的交付效率能幫助企業加快現金流的周轉，也能減少客戶等待的焦慮和對公司服務的滿意度。從一項企業研究報告中顯示：科龍對於經銷商銷售旺季庫存的補充效率，低於其主要競爭對手，同時對於客戶購買後的服務響應週期也大大慢於主要競爭對手，直接導致了科龍在主要銷售旺季的銷售量偏低，失去了應有的市場份額。

「售後服務效率」對於工業產品的銷售尤其重要，和快速消費品不一樣，工業產品的銷售越來越開始向「整批交易解決方案」的商業模式方向邁進。以車用市場為例，汽車工業較成熟的國家 70% 的利潤來自售後服務，汽車銷售基本上為零利潤。當汽車產業發展到一定程度，製造技術相差無幾，繼而汽車市場將從產品轉向服務，售後服務將是汽車「4S」店或汽車經銷商的主打策略王牌；然而，在中國當前的汽車消費投訴中，售後服務占到了汽車消費類投訴總數的近七成，可以說售後服務能力對於汽車企業的可持續性行銷能力起了決定性作用，如何有效縮短售後服務週期、提高服務品質甚為重要。從戰術層面看，海爾在家電行業的制勝，其售後服務效率的有效管理發揮了相當大的作用。

「客戶忠誠度管理效率」的管理對於一些行業尤其重要，比如說航空公司、銀行、保險公司和電信業者，其衡量標準有多個維度，包括客戶滿意度、客戶在案平均時間、客戶保持率與推薦率等。針對客戶的需求、價值進行深度挖掘是獲取提升忠誠度的重要手段。「暢行 e 卡」是東航在中國航空業界，首次創新推出面向高消費採購人群的獎勵產品。傳統航空公司只針對乘坐飛機的旅客建立客戶獎勵計劃，即常旅客獎勵計劃，但都忽視對航空公司貢獻價值更高的採購人群。作為一家正轉型為面向客戶、注重客戶關係行銷的航空公司，東航對客戶群體重新細分，推出的「暢行 e 卡」正是以試圖滿足快速成長的高消費採購人群的需求。持有此卡，客戶在獲得東方萬里行獎勵積分的同時，還可享受到超值優惠購票折扣、免退票費、對帳服務，並獲得頭等艙櫃台服務和航空公司精英會員等多種貴賓級待遇。

行銷效率的最後一個環節是「銷售績效效率」，它也是精實行銷管理的最終結果性指標。前面已經提到，企業策略的不同、行業發展週期的不同，要求企業在考慮績效指標時要有所選擇。對於同樣一個格蘭仕，十年前它更關注這些指標中的「市場份額」，透過「擴充產能—規模經濟—價格戰—市場份額領先—擴充產能」完成其競爭策略的邏輯；而在今天，它的關注點卻要更多地放在「銷售毛利率」甚至是「淨利率」上了。

精實行銷管理實施模型（LMM）的本質，是按照「企業—客戶關係界面」對行銷管理的過程與結果分解；然而我們也反覆提到，給出維度下的指標需要依據企業策略、企業所處產業的不同調整、分解。那麼如何依據行業、企業的特點來應用精實行銷管理實施模型（LMM），以實現精細化的、動態的行銷管理，幫助成長總監來有效決策？我們以中國家電零售行業某大型企業為例，對如何實施有效行銷精實化進行具體說明，希望對眾多中國企業轉變自身管理思維有借鑑作用。出於客戶保密的考慮，下面所提到的家電零售企業用「蘇美電器」代替。

2009 年第一季度，蘇美電器面臨整個銷售網路成長、單店收入顯著下滑的局面，公司實現可比店面銷售收入同比下降 11.98%。為了保持蘇美的持續成長能力與盈利能力，蘇美電器市場總部欲找出除市場大環境（全球後經濟危機）外，蘇美自身在市場行銷管理中出現的問題，並透過對這些問題的發現改善提高自身競爭優勢。基於這樣的背景和假設，我們結合該行業的特點，應用精實行銷管理體系（LMM）為其進行了行銷策略效率的診斷。

由於本次案例的重點在於研究單店的行銷效率，所以案例中不涉及市場擴張效率，也就是說蘇美劃定地盤開店的效率。根據分析：零售行業銷售額，由一定時間內門市的客流量、購買客戶比例與平均單次購買額共同決定，即零售企業銷售收入＝客流量 × 實際購買比例 × 單次平均購買金額。

根據科特勒精實行銷管理（LMM）的核心思想，客戶的獲取效率與忠誠度管理效率是企業行銷活動的利潤持續來源，是決定零售行業銷售額的主體要素。結合家電零售企業的業務特點，我們列舉出來家電零售企業收入影響關鍵因素鏈（見圖 3-5），該因素鏈遵循了顧客與家電零售企業形成業務關係的時間順序，從業務關係形成初期的資訊接觸，到首次業務關係達成後形成的主觀評價，全面覆蓋了家電零售企業實施行銷策略過程中，基於客戶視角的行銷價值點。這個分析框架的最大特點，在於系統考慮了多個因素對於最終銷售額達成的共同作用，並清晰地區分出每一個因素所起的單獨作用，使企業能條分縷析地辨別每一個行銷價值點的作用狀況，每個行銷價值點上的行銷效率表現，幫助企業在後期變革時真正做到有的放矢，瞭如指掌。

如圖 3-5 所示，整個影響因素鏈共包含十個明確影響因素，而每個影響因素又指向了其直接影響的三大銷售額決定因子，影響零售實體店客流量的因素有：

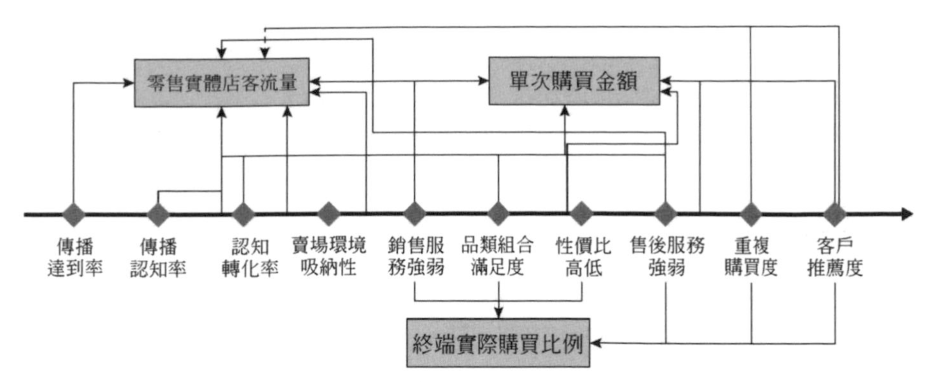


圖 3-5 家電零售企業銷售收入關鍵影響鏈

傳播到達率、傳播認知率、認知轉化率與賣場環境的吸納性，這些因素直接影響一定地理區域內客戶光顧賣場的行為；影響單次購買金額的因素包括：銷售服務強弱、品類組合滿足度、性價比高低與售後服務能力，這些因素在顧客的當場購買決策中起著直接影響作用，決定是否能達成交易，這也體現了家電零售企業的交易達成能力；售後服務能力、重複購買度與客戶推薦度體現了家電零售企業的客戶忠誠管理能力與效率。它決定了蘇美電器客戶群體中首次光顧客戶與忠誠顧客的組成結構，體現了蘇美電器銷售業績持續成長的潛力。

(1) 傳播到達率：傳播到達率是賣場吸引客流、營造人氣並最終達成交易的重要基礎平台。傳播到達率越高，則企業資源投放效率越高，賣場營業額增加也擁有了必要的基礎。傳播到達率本質上是檢測企業媒介組合、媒介投放策略有效性的根本指標。

(2) 傳播認知率：傳播認知率是傳播效果的直接體現，只有被客戶所認知的資訊才能產生價值，並最終為賣場帶來客流量。傳播認知率，本質上是檢測企業資訊傳遞效果的基礎指標，這裡面進一步深掘，就會涉及企業的品牌價值訴求是否精準，客戶需求研究是否到位。

(3) 認知轉化率：是指目標群體從接收到相關資訊、認知資訊到實施消費行為的整體轉化狀況，彌補單純強調到達而忽視傳播效果轉化的弊病。認知轉化率是傳播效果的直接體現，更是對蘇美品牌的綜合性檢測，認知轉化率是消費者對蘇美品牌整體價值認知的具體表現。

（4）賣場環境吸納性：指剔除產品服務要素的影響下，零售實體店賣場的環境要素對客戶吸納的高低程度，客戶在實體店滯留的意願性、滯留時間的長短都是賣場環境吸納性的表現之一。賣場環境吸納性是 RKFC 中影響客戶購買達成的重要因素，客戶在實體店停留的時間越長（行為滯留），願意停留的傾向越大（情感滯留），實體店能達成交易的機會就越多。賣場環境吸納性的本質是實體店環境體驗的好壞。

（5）銷售服務的強弱：指賣場的銷售服務能力的高低，包括銷售員對客戶需求的洞察（敏銳性）、銷售員的銷售溝通技巧、銷售員對產品與競品的熟悉程度、銷售員的專業性、銷售員的誠信度。銷售服務的強弱是 RKFC 中，影響客戶購買達成的最關鍵的一環，屬於把客流量轉化為購買量的關鍵點，銷售能力越強，與客戶溝通得越好，越有利於其他弱勢要素的化解，直指銷售績效的達成銷售。

（6）品類組合的滿足度：指賣場的商品的品種、品牌與客戶需求之間的契合度如何，它包括品類的豐富性、品類的個性化、品牌的覆蓋面、品牌的組合優化度、對不同店區的商品品類配置、對不同店區的商品品牌配置。品類組合滿足度是 RKFC 中影響客戶購買、也是聚集客戶流量的基礎。品類組合與客戶需求的契合性越高，則零售店的銷售能力越強，品類組合屬於零售店的「靜銷力」。

（7）價格策略：指家電零售企業在經營活動中，以價格調整為主要手段，利用消費者的價格敏感度，激發消費行為，以迅速提升銷售額的策略組合。它包含零售企業的價格能力、價格手段與最終形成的價格吸引力。價格策略對於銷售額有著最明顯與直接的影響，它直接決定了顧客的單次購買金額的大小。

（8）售後服務：售後服務是家電銷售後，生產或銷售企業為保證消費者正常使用產品，而必須提供的一些有償與無償維修。家電產品的售後服務已成為消費者購買產品時重點考慮的因素，而生產與銷售企業為增加銷量，提升競爭力也主動提供更優質與全面的服務作為產品的附加價值。售後服務能直接影響顧客的購買行為，它對於銷售額的成長有著極為重要的促進作用。

(9) 重複購買度與客戶推薦度：指顧客在第一次購買產品後，出於自身需求的良好滿足經歷，在相同的零售商進行同類產品的再次購買，所形成購買的忠誠行為。家電產品的重複購買度與推薦，是零售企業增加銷售額最有效益與持續的方法。它是零售企業發展的根基與強勁助推動力。重複購買與客戶推薦的本質在於增加客戶資產，擴大蘇美電器在客戶家電購買支出錢包中的總份額。

針對以上的作用點，我們為蘇美電器進行了逐一審計，以傳播認知率為例，我們從傳播主題、內容、受眾的接受偏好、需求說明清晰度的維度進行了第二級指標細分，以檢測蘇美電器傳播內容的記憶程度與內容設定的準確與清晰程度。在當今資訊爆炸的年代，消費者對於身邊籠罩的各種產品廣告產生了本能的過濾反應，尤其是在自身購買意願並不清晰的狀況下，這種過濾行為更加明顯。在這種環境下，蘇美電器傳播的策略與方式就顯得尤為關鍵。如何讓蘇美電器的傳播資訊在眾多的廣告資訊中脫穎而出，在第一時間捕捉到顧客的注意力，而又採取何種方式，在一秒的時間內將顧客最為感興趣的資訊讓顧客清晰記住，這就考驗了蘇美電器的傳播認知率。最後，可以看到在五個二級指標的考核下，我們對蘇美電器與競爭對手在各個指標上的表現進行對標分析，這將協助蘇美電器對傳播環節的效果進行準確的對比，區分出彼此的表現（見圖 3-6）。針對每一個影響因素，我們都將進行一級影響因素的二級指標分解，以保證指標的可測量性。

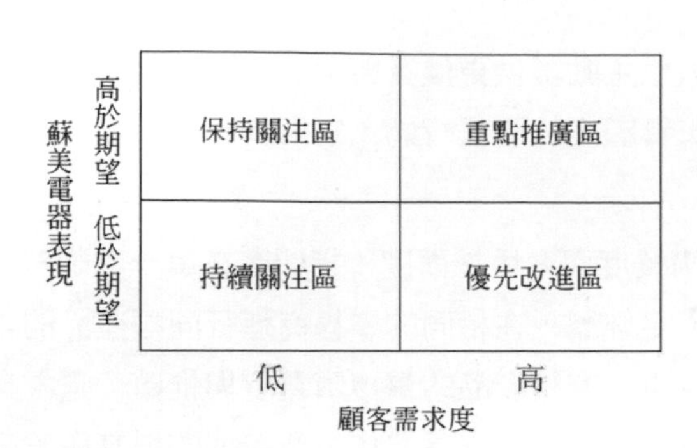


圖 3-6　蘇美電器與競爭對手在各指標表現的分析示意圖

在對十大影響因素進行逐一的二級指標分解後，我們對蘇美電器在各個因素中的表現進行了完整審視，全面發掘蘇美電器的強弱勢表現，之後最關鍵的舉措，在於為蘇美電器提出下一階段改進工作的重點與方向。由於企業資源的有限，以及當前顧客對於各因素的關注程度不同，我們從顧客對於這些因素的關注程度與被滿足度這兩個維度，對蘇美電器進行了交叉分析，意圖找出那些顧客最關注、而蘇美電器表現最不佳的因素。這些影響因素就是蘇美電器未來需要優先改進的方面，它的改進可以迅速提升顧客對蘇美電器的滿意度，以及最終的顧客忠誠度，而那些表現優異而客戶關注度高的方面，則是蘇美電器未來需要持續保持，並積極對外傳播的重點。

# 10
# 產品時代的行銷思維切換：從科學、想像力到循證

中國的行銷戰開始過渡到我們所說的「產品時代」，越來越強調產品的設計與重塑，這種局面的發生，與其說是 4P 戰的三張王牌已經打完（價格拼到成本底線、通路已被王者壟斷、品牌僅有少數突圍），還不如說 4P 中 1P+3P 的核心已經切換到以產品為中心的突破，以產品帶動通路、以產品拉動品牌、以產品提升溢價，小米、魅族、樂視等一批企業開始以產品作為尖刀的方式，擴展新通路（如網路預售）、形成新品牌，我們將會看到，這樣的企業會越來越多。

產品管理與策略集合了前期的市場研究、消費者行為學以及後期的整體市場營運和推廣。以 HP 和 3M 的市場部為例，他們最重要的工作就是根據市場形成產品概念，然後幫助產品設計、推出，以及後期的上市、產品生命週期管理；成熟的市場行銷公司，例如寶潔，也是以產品線來做管理切口，產品經理負責產品的市場生死。

然而本次「產品時代」到來的背景並不一樣，這裡面有如下幾個關鍵原因。第一，社群媒體時代使資訊對稱化與「除魅」，十年前中國行銷中的主體性關鍵詞是「廣告」，在資訊不對稱的情況下用大媒體進行消費者洗腦就可以收割戰場；而社群媒體卻具有深刻的「除魅」特質，任何存在性質不清的產品 / 服務會迅速曝在陽光下，因此產品本身的品質就顯得

尤其重要，西門子與羅永浩之戰就是典例；第二，數位化技術、物聯網的興起，使得產品可以差異化的維度增多，原有的產品和服務之間的邊界模糊，使得產品力可以在跨界與想像力的拼接中爆發，如 Google 可以進入到汽車業，Nike 和蘋果共同生產出新一代跑鞋，輝瑞的藥丸也可內置程式；第三，不確定時代下企業微創新比大策略可靠，而產品又是企業面對消費者界面創新的第一窗口，比策略更容易衡量對錯與成敗，不確定時代以產品為策略的導入口，小步快跑或者叫摸石頭過河。

那麼產品時代如何做行銷？如何研發出好產品呢？我的一位老友——原 Intel 中國區總裁陳朝益先生曾經有個總結，叫做產品行銷的「三點思維」——盲點、痛點和引爆點。什麼叫盲點？盲點就是消費者在日常生活中所忽視的，而大部分企業透過市場調查所看不到的消費者需求點。比如說可樂，我們經常喝的大多數可樂是 355 毫升以上，而我上個月去杜拜發現可口可樂有一口裝 150 毫升的，非常能滿足我喝一口又不過量的需求，後來問阿拉伯的朋友，這種 150 毫升裝居然是中東地區最流行的可口可樂。第二個是痛點，就拿現在的智慧型手機為例，誰能解決電池的待機問題誰就抓住了消費者痛點，微信之所以流行，就是因為騰訊抓住了微博用戶的痛點——私密性社交不夠。第三個是引爆點，引爆點更多已經不是純粹的做品牌的思維，而是快速利用人性的弱點，借用社群媒體的方法迅速做出市場影響力，小米、雕爺牛腩、黃太極煎餅都是這個套路。

上面談到的「行銷三點」是一種思路，然而我更關注產品時代這種思路背後的思維。我認為產品時代的行銷思維應該從「邏輯、洞察與循證」入手。行銷的邏輯不用多講，STP、4P 組合，這些都是基本功。洞察以前也有不少人講，但現在行銷技術不斷完善，從最開始寶潔進入消費者家庭的「沉浸式調查」，到後來購物者行銷興起後的消費者反應調查，再到現在歐洲興起的視覺性圖片、影視調查，技術會增強消費者洞察的精確性。然而，以上這些東西都不能完全保證產品的成功，所以我想引入我最近關注的第三個要素——行銷如何「循證」。所謂循證，其實是一個醫學名詞，表示某種方法能夠被循環證實，比如策略要看長週期，無法做循證，然而產品策略卻可以。社群媒體時代我們談智慧行銷（Smart Marketing）最關鍵的就是要迅速抓住客戶的問題，推出產品，不斷去嘗試、驗證，這種思維，就是矽谷產品管理所奉行的精實創業（the Lean Startup）的思維。

精實創業的產品管理思維的本質，是強調市場測試而不是細緻的策劃，強調顧客的反饋而不是自己的感覺，強調反覆的設計和改進，而不是前期大而全的產品研發，在研發產品時候強調 MVP（最小可行性產品）。我們現在看的美劇其實就是典型的 MVP 操作方式，導演投資劇組先拍出前幾集，如果市場反應不對，導演立即就改；如果市場反應不好，就放棄啟動第二個劇目，透過不斷的測試找對市場的感覺。Dropbox 也是典型 MVP 操作的產品思維，Dropbox 的創始人德魯· 休斯頓在有產品構想後，在矽谷到處找風險投資人，然而沒人願意投資。後來德魯· 休斯頓編寫了一段 3 分鐘的影片，這個影片詳細生動地描述了此產品的功能，並設置觀看者的評價和詢問他們是否願意使用此款產品，結果一天內有 75000 人回信，於是德魯· 休斯頓才決定開始做此款產品，Dropbox 公司市值已增超過 40 億美元。MVP 的思維幫助他們先去證實市場，然後再做產品研發與調整，以「實證」的思維提高產品的成功機率，直接顛覆了以前從商業計劃書到產品研發、產品上市的思維。在社交化媒體時代，掌握好「邏輯、洞察與循證」的思維，會讓你的產品管理同時具備想像力與應用性。

# 11 逆向行銷的形成

行銷實務的發展方向和發展重點已經發生重大改變。新經濟的形成已經引發了所謂的「逆向行銷」，該行銷模式的主要表現特徵是：由顧客主導一切。

## 1．逆向產品設計

有越來越多的網站讓顧客能夠設計、安排符合自己需求的產品。今天，顧客能夠設計自己喜愛的電腦（如戴爾電腦和蓋特威電腦可接受顧客的個別訂單）、牛仔褲（如可透過 ic3d.com 或 levi.com 的網站定製）及化妝品（如 reflect.com 網站），顧客也可以自己設計想要的鞋子、汽車，甚至房子。

## 2．逆向定價

網路技術使消費者得以從「價格的接受者」轉變成「價格的制訂者」。

Priceline.com 所開展的業務是一個典型案例。在 Priceline.com 網站上，顧客可以提出打算為某特定物品（或服務）支付的價格（如搭飛機、訂房間、抵押貸款和汽車的價格）。以購買汽車為例，在尋找合適的汽車的過程中 Priceline 的顧客可設定價格、車型、選購配備、取車日期及他們願意驅車前往完成交易的距離。買方提供其本身的融資狀況，並讓該網站從其信用卡中收取兩百美元的保證金。Priceline 網站則把此項提議的相關資訊轉移並傳真到所有相關經銷商。Priceline 只從完成的交易上賺取收入，買方一般支付 25 美元，經銷商一般支付 75 美元。現在，Priceline 正計劃提供融資和保險服務，讓消費者運用類似的報價模式購買。

### 3．逆向廣告

在傳統廣告活動中，行銷人員一般是將廣告「強行」推向消費者。現在，廣告原本的「廣播」模式（Broadcast Model）已逐漸被所謂的「窄播」模式（Narrow Casting）所取代。在「窄播」模式中，企業運用直接郵件（DM）或電話行銷的方式來找出對產品或服務感興趣且具有高度獲利力的潛在顧客。如今，買方能主動決定看到自己希望看到的廣告，公司在寄發廣告之前甚至必須先獲得顧客的許可。關於電子郵件，顧客已經能夠要求訂閱或停止訂閱電子郵件廣告。

「點播」（Point Casting）是一種服務，讓顧客可點選自己感興趣的廣告。就點播來看，此種廣告是由顧客主動發起，而且是應顧客要求而呈現的。舉例而言，顧客會在亞馬遜書店（Amazon.com）的網站上輸入他們感興趣的主題，此後，每當在這方面有剛剛出版的書籍、CD 專輯和 DVD 時，該公司便會向對這種需求感興趣的顧客發出電子郵件。

### 4．逆向推廣

現在，顧客可以透過行銷仲介（如 Netcentives 和 mySimon.com 網站）請求廠商郵寄折價券和促銷品，可以透過 MyPoints.com、FreeRide.com 和網路服務供應商（Internet Service Provider）等行銷仲介來提供特定的報價，可以向 FreeSamples.com 網站索取新產品的免費樣品……這些仲介機構能夠在不泄漏個人資訊的情況下，將顧客的請求轉交給各公司。

### 5．逆向通路

讓顧客能隨時獲得所需的產品服務，並且將產品運送給顧客的通路猶如雨後春筍般不斷增加。許多日常用品在雜貨店、藥店、加油站和自動販賣機等地方都隨手可得，有些產品甚至還可透過網站（如 Peapod.com）直接發送至顧客家中。現在，音樂、書籍、軟體和電影等數位化產品，可以從網站上直接下載，顧客能夠在家中查找服飾資料（如 gap.com 或 Landsend.com）而不必大老遠地跑到服飾店。總體來說，逆向通路的特徵就是把展示間搬到顧客家中，顧客不必到企業或經銷商的展示間。這種方式暗示了企業必須發展和管理更多的通路，定價也會趨於複雜，甚至需要為不同的通路推出不同的產品或服務。

### 6．逆向細分

網路讓顧客能夠透過回答問卷的方式，使企業明白他們的喜好及個人特徵，企業可運用這種資訊進行市場細分，並為不同的細分市場發展出適合的產品和服務。

# 12
# 還有哪些領域可以「共享」？

「共享經濟」成了商業界、投資界的熱門詞語，據AC尼爾森的統計：全球共享經濟的市場規模已超過150億美金。預計到2025年，這一數字將達到3350億美元，年均複合成長率達到36%。從狹義來講，「共享經濟」是指以獲得一定報酬為主要目的，基於陌生人且存在物品使用權暫時轉移的一種商業模式。共享經濟是對「沉沒」閒置資源的社會化再利用，是將熟人之間共享關係推向陌生人的經濟形式。「零」邊際成本、商業化信任和社會化互聯是共享經濟的三大驅動要素。

行動網路，是共享經濟之所以得到釋放的重要前提，這些背後的支撐要素主要反映在以下三個方面：第一，全民行動化，尤其是服務提供者開始接入行動網路，打開共享經濟的前端供給；第二，行動支付的普及性，行動支付隨著行動網路的應用而普及，支付的全面應用成為保證共享經濟平台的便利性、中介性的最重要條件；第三，動態的反饋機制對管理的支撐，共享經濟平台提供了供給方與需求方的互相評價機制、動態定價機制，成為共享經濟發展最佳的主角。共享經濟平台作為行動網路的產物，透過行動LBS應用、動態算法與定價、雙方互評體系等一系列機制的建立，使得供給與需求方透過共享經濟平台交易。

從全球範圍來看，「共享經濟」的思維做得比較成功的例如Uber和Airbnb，主要體現在交通和住宿兩個維度；然而實際上，依照共享經濟的思維，我認為還有不少商業領域存在可以策略創新的機會，我們將這些可以共享的資源分為六類，分別是：設備、空間、技能、品牌、信用和時間。

第一類是設備共享，這裡大家自然想到的是以交通設備為基礎的 Uber，其實還可以包括：高級攝影器材、遊艇甚至是私人飛機，這些都是可以被納入共享範圍。我的一位朋友在健身房創業，持有他公司發行卡的客戶只需一張卡，便可以在其聯盟的所有健身房健身，將閒置的資源使用最大化。

第二類是空間共享，酒店式的租賃業由 Airbnb 在市場上占據主導地位，而共享經濟同樣正在滲透辦公租賃業，它主要滿足的是辦公短租租賃者的需求，其中提供辦公場地租賃服務的 WeWork 剛獲得 3.55 億美元融資，估值高達 50 億美元。WeWork 做的事是，用折扣價格租下整層辦公室，然後分隔成單獨的辦公空間，出租給願意挨著辦公的初創企業，除了辦公場地，WeWork 還可以為小型初創公司提供辦公設施、協作服務以及其他便利服務。

第三類是技能共享，姬十三成立的「在行」，就是共享經濟下培訓業的具體體現，任何在某方面有所建樹或有所見解的人，都可以在「在行」註冊成為行家，這些行家自由，不依附於任何培訓機構，而任何想在某方面獲得指點的人，都可以在「在行」找自己合適的交談對象，專業人士可以在閒暇時間將技能和經驗出售。另外最典型的以技能為核心的諮詢行業也面臨共享顛覆：Hourly-nerd 是波士頓成立的一家網路公司，各個公司的諮詢顧問可以將自己的技能履歷上傳，當客戶有需求的時候，可以依賴你的資料背景，有效直接找到此顧問，進行業務洽談和諮詢服務。

第四類是品牌共享，即公司有足夠市場號召力或大量品牌粉絲的時候，可以將品牌資源在一定條件下的共享，實現品牌資產使用的最大化。比如海爾扶植創客的新商業模式下，品牌本身就對創客以及客戶有吸納作用；同樣的還有小米，以小米品牌為基礎，做小米生態圈，讓生態圈中的產品共享小米品牌。

第五類是信用共享，金融行業的網際網路 P2P 金融更把資訊放到線上，再輔以大數據的手段。實際上金融行業最大的不對稱來源於信用不對稱，即越不需要貸款的人、信用越好的人信用額度可能越高，但是他們反而可能產生信用閒置，未來完全可以探索如何將這批閒置信用刺激，這是未來 P2P 創新的重要方向。

最後一類是時間共享，目前快遞業的模式，大部分是由快遞公司僱用全職快遞員配送，這是個重資產的模式，人力一旦緊缺就會導致快遞的延誤，影響用戶體驗。DST 投了一家創業企業——達達快遞。達達是基於群眾外包和行動網路，提供同城即時配送服務的平台，開通了上海、北京、深圳等數十個城市。採用「人人快遞」的模式，每個人可利用每天的行動軌跡，兼做快遞員，來解決同城背景下快遞運送，已經超過有 10 萬人在平台上活躍，其 C 輪融資 1 億美元。

# 13
# 「免費」的盛宴，企業如何分食？

## 1．「免費」的提出以及六種模式

市場上最熱門的詞彙莫過於「網路思維」，而對於「網路思維」到底包含什麼，卻莫衷一是。某種意義上講，這是一個外延內涵都相當模糊不清的詞語，它需要指向具體的語境，而具體到用「網路思維」來做產品，可能至少有一個關鍵字不能錯過，那就是——免費（Free）。

「免費」這一概念的提出者雖然是《長尾理論》的作者克里斯·安德森，但是 1990 年代矽谷大量的網路科技企業早已使用。安德森把企業可以使用的「免費」策略分為六種模式，分別是：免費增值模式（Freemium）、廣告模式（Advertisement）、交叉補助模式（Cross-subsidies）、零邊際成本模式（Zero Marginal Cost）、勞務交換模式（Labor Exchange）和禮品經濟模式（Gift Economy），實質上這六種模式可以簡化為三種，即前三種：免費增值模式——最典型的是 360 殺毒軟體，對全體客戶免費，但對增值服務收費；廣告模式——最典型 Google、百度、騰訊，收注意力經濟的費用或點擊費；交叉補助模式——最典型的是吉列的刀架與刀片，刀架以貼近成本價賣出，但是刀片變成盈利池。

### 2‧「免費」的本質以及三種典型模式背後的假設：客戶資產

安德森雖然提出了免費的各種模式，但是並沒有直接揭示出「免費」策略的本質，「免費」策略的本質是什麼？我認為一句話可以概括——「基於客戶資產的商業模式創新」，所謂客戶資產，就是企業所有客戶終身價值折現現值的總和，即客戶的價值不僅是當前透過顧客而具有的盈利能力，也包括企業將從客戶一生中獲得的貢獻流的折現淨值，把企業所有客戶的這些價值加總起來並折現，稱為「客戶資產」（Customer Equity）。基於客戶資產，企業可以實現深掘、轉賣、合作、交易，以各種經營方式來變現價值，增值模式、廣告模式、交叉補助模式只是客戶資產的一種經營方式。

網路時代是一個「融合經濟」的時代，在融合經濟下，行業、企業之間的邊界越來越模糊，造成了只要你擁有客戶資產，就可以透過自身延伸和合作的方式向其他行業、企業滲透，騰訊滲入電商、阿里滲入金融都是這個道理。在這個策略本質的指導下，「免費」就是很好地吸納客戶資產的方式，一旦吸納成豐厚的客戶池，就可以用商業模式的創新來盈利，比如說抓住長尾客戶，比如在原有客戶資產的基礎上採取「阻隔式嵌入」，即排他性的推出自身的盈利業務，如吉列的刀片。

在這個「基於客戶資產的商業模式創新」的策略本質指引下，企業可以做的何止是「免費」，甚至可以「倒付費」，比如市場上打得血雨腥風的「快的」和「滴滴」，倒付給客戶叫車費用。他們尊崇的就是這樣一個邏輯，以叫車軟體實現後期的 LBS 服務應用（location business service）。

### 3‧非網路企業如何玩「免費」

我們看到的大多數涉入「免費」的企業為網路行業，這是源於網路屬於「邊際非稀缺產品」，即一個產品一旦用一個起始固定成本生產出來後，就可以無窮複製而不需追加任何成本，即邊際成本趨於零。那對於傳統企業，有無可能玩「免費」，或趨向於「免費」？

我覺得傳統企業玩「免費」還是要回歸前面提到的本質：有沒有可能在基於客戶資產的前提下創新？具體來講，傳統企業可從如下四個維度來進行策略思考。

（1）思考維度 1：免費後，我們可以把客戶變為用戶嗎？

我曾經去拜訪富士康，其副總裁和我探討蘋果與 Nokia 的區別，他談到蘋果模式的本質是把消費者當成「用戶」而不是「客戶」，所謂「用戶」與「客戶」最大的區別是：「用戶」能與廠商奠定持續交易的基礎。如果企業能把客戶變為用戶，則可以考慮使用「免費」策略，比如說 IT 行業，已經形成了「三駕馬車」式的拉動方式：硬體開始趨向低盈利甚至是零盈利，以附件加軟體作為高盈利點。在網路業，資本界對企業的估值一般參考用戶數量，比如一個用戶按 30 美元算，優質用戶大概在 120 美元，這意味著企業如果能捕獲到用戶，120 美元成本下的硬體可以免費送給客戶，從其他附件、軟體中賺錢，這些是傳統家電行業可以採取的轉型方向；TCL 上個月也提出過這個思路，透過「免費」把「客戶」轉為「用戶」；還有一個典型案例是西湖，西湖風景區免費對公眾開放後，遊人增多了遊覽次數，當年度比開放前成長 5.64 倍。

（2）思考維度 2：免費後，我們可以把自己變成平台或窗口嗎？

其實我們回顧商業史上的爭奪，最核心的爭奪一直在於「窗口」或「平台」。商業地產本質上賣的是「人流」，然後過渡到「點擊量」時代的 PC 網路，再到爭奪「用戶時間」的行動網路、穿戴式設備。一旦可以變成「平台」或「窗口」，可以做各種深化客戶價值的經營活動。以雲南省經濟拉動策略為例，雲南省政府圈出了 7 個省的人群作為目標消費者，對團隊旅的航班補貼，扣掉成本後基本等於免費；但正是採取這種策略，2013 年雲南接待遊客 2.44 億人次，其相關的各種總收入逾 2000 億元。我拜訪一家著名的連鎖經濟型酒店集團，也商討過這個問題，是否可以將其覆蓋目標人群進行價值深化，做成一個酒店對周邊零售、餐飲、旅遊各項活動的平台窗口，從酒店轉換為「生活商圈窗口商」，一旦有後面作為利潤補給，酒店的房價可以更「經濟化」，實現共贏。

(3) 思考維度 3：免費後，我們可以形成資訊載體嗎？

這種思維的本質，是企業把自身產品和服務媒介化。比如一個生產打火機的企業，每個打火機的平均生產成本為 0.6 元，其售價定為 1 元。它可在打火機上為一家餐館打廣告，然後把打火機同時賣給餐館和打火機的最終消費者，每個打火機向餐館和打火機的最終消費者各收 0.5 元；或者向餐館收 1 元，再由餐館免費送給打火機的最終消費者。Kidzania 是一個新兒童社會樂園，兒童在這個樂園中可以體驗社會中的角色，如醫生、交通警察，Kidzania 的盈利模式正在從門票收入轉向廣告收入，每個社區中的設施，如飛機模型都需廠商提供贊助費以展示。

(4) 思考維度 4：免費後，我們可以形成阻隔型嵌入嗎？

「阻隔型嵌入」指透過免費形成其他競爭者進入的障礙，在此基礎上獲得排他性，然後推出自身的盈利業務。除了吉列之外，比較典型的案例還有瑞典利樂公司，在設備上利樂將其免費贈與或租給消費品廠商，獲得排他資格後，利潤區由每單個使用的利樂包賺取。幾年前我們給龍騰卡做策略顧問時也採取了這種策略，龍騰卡是全球最大的機場貴賓廳服務的整合商，其主要直接客戶是銀行，銀行再推送給其貴賓客戶。我們和龍騰卡共同設計出一套針對銀行客戶的用戶數據系統，幫助他們數據化地分析其貴賓客戶的使用狀況、行為習慣。這套分析系統由龍騰卡免費提供給銀行，一旦嵌入後，銀行數據沉澱越多，越難以轉換供應商。

# 14 傳統零售：如何讓 online 和 offline 共生？

在網路技術發展突飛猛進和無線行動設備無處不在的今天，當前傳統零售碰到最大的危機，來自於線上通路的衝擊，首先是通路轉移的出現，與前些年實體與線上井水不犯河水的時代不同，當今電商的威脅直接帶到傳統零售業的門口，如今有一個新詞：展示廳現象（Showrooming），指的是消費者在零售店挑選商品，然後線上購買的消費行為。對於傳統零售來講，不擁抱線上是逆時而行，擁抱線上又好像背後受敵。在這種窘迫的情況下，作為傳統零售行業，究竟如何共生呢？下面我們總結出四種典型的共生方式。

## 第一種：基於通路的產品異化的融合（Channel-specific assortments）

所謂產品異化，指的是線上與實體店提供不同的產品，防止產品讓消費者直接對比，而產生嚴重通路衝突乃至通路遷移。在這種模式下，通常實體店多出售熱門商品，線上銷售補充實體店的品類，而不是與實體店銷售競爭。企業的這種產品差異化供應又可以透過多種形式發生，比如說產品供應節奏不同步、品類供應的區隔。從策略上看，基於產品異化的融合，本質是透過不對稱迴避衝突，目前多被經銷通路層級較多的企業所採用。

### 1．產品供應節奏的不同步

我們以 Nike 為例，Nike 自有的線上商店銷售，以過季、打折商品為主，實體店主推新季商品，二者正是互補關係。對於新上市的產品，Nike 線上商店會有廣告連結，但是在上市初期不會有線上零售。

### 2．產品品類供應的區隔

線上、實體店品類的區隔方式，已經被眾多商家採用並實施，能在一定程度上防止價格敏感型消費者從實體店往線上轉移，以及緩和實體店與線上的通路衝突。比如，BENQ 在線上供應的品類就和實體店有型號區隔，避免了消費者在實體店裡用手機比價，BENQ 還專門對於實體店中的手機比價客戶設計出一系列防禦性產品，這種產品價格甚至低於線上。對於 BENQ 零售商來講，最關鍵的策略是首選區分進店客戶的類型（是價值客戶還是價格敏感客戶），然後用相關的進攻型或防禦性產品來促成當場交易。

## 第二種：基於購物體驗 / 消費附加值的融合（In-store experience & value-added）

理智產生推論，情感製造衝動。實體店零售要鎖定客戶並直接推動交易，就要提供與線上不同的購物體驗，提供消費附加值。這種附加值可以是「消費者即時擁有」的情感價值，也可以是會員俱樂部、增值服務的理性價值。從策略上看，基於購物體驗 / 消費附加值的融合的本質是「用即時體驗助推即時交易」。

### 1．服務附加值的彰顯

蘋果電腦的線上與實體店價格差異大約 5% ～ 8%，但是實體店仍然是強勁的銷售通路，其關鍵就在於相應的配套服務。Sephora 用科技手段把實體店和實體店購物體驗融合，在實體店內提供 SkincareIQ 服務為消費者測試膚質，並基於消費者的膚質和關注點為其挑選適合的商品。此外，

Sephora 還和 Pantone 合作製造了一款叫 Sephora+PantonerColorIQ 的設備，用 Pantone 色彩捕捉和測量技術，掃描消費者膚色，然後匹配官方的 Pantone SkinTone 號碼，進而從 Sephora 上千種不同品牌的粉底中精準地選取粉底，Sephora 的這種系列服務使得實體店變成顧問中心，卓越的實體店即時服務體驗能刺激消費者即時的購買衝動，從而彌補實體店的價格劣勢。

### 2．店內利用數據驅動開展行銷

利用數據驅動開展行銷，也是促成即時達成交易的方法。時裝零售品牌 C&A 在巴西的一家專賣店，開發了一個 Facebook 應用，消費者可以透過此應用瀏覽該品牌當季款式，並對喜歡的款式點「讚」。這些「讚」與聖保羅的一家專賣店裡衣架上的即時計數器同步，顯示線上點「讚」的人數，因此消費者可以在實體店看到哪些款式線上評價最好，共有 880 萬人蔘與了這一活動，在剛開始的短短幾個小時內就有 6200 條回覆，並在網路上被提及 1700 次，而在實體店裡，被「讚」次數較高的款式，也比 C&A 以往任何的款式售罄得更快。零售可以擁抱數位技術增強實體店體驗。

GAP 推出了名為「Reserve-in-store」的服務，這種 O2O 模式讓消費者在網路上預訂，在最近的實體店為其保留兩天時間，以鼓勵消費者到實體店試穿、取貨，從而使消費者多花時間在店內，當消費者進店後往往購物量比線上更多。

### 3．增強店內分享的體驗

增強消費者在實體店的分享體驗，也是促成消費者情緒化決策的要點。LensCrafters 留意到：消費者在試戴鏡架時，很難看清自己的模樣，因為他們沒有戴著合適度數的隱形眼鏡。為此，LensCrafters 安裝了數位鏡子，根據消費者高度，鏡子從 3 個不同的角度拍照，甚至在消費者臉上打光。消費者可以透過觸摸螢幕翻看照片，還可以透過 Facebook、Twitter 和郵件與親友分享照片。對消費者而言，高品質和個性化的照片在服務體驗中很獨特、很有價值，這也大大提高了購買的可能性。獨特的購物體驗透過社群媒體迅速傳播，消費者的即時體驗觀感會增強且被放大，有效刺激現場交易。

## 第三種：基於方便獲取性的融合（Convenient Accessibility）

固定面積和位置的實體店有一定的地域局限劣勢，城市的交通問題和人們對時間的緊迫感，使得消費者對商品可獲得性的要求越發苛刻，遠距離的店鋪和排長龍的結帳隊伍會大大降低消費者前往實體店購物的慾望。基於方便獲取性的融合，是在目標消費群集聚的場所充分利用消費者的碎片時間，如人們等車的兩三分鐘，為消費者提供購物的便利性。

### 1．掃描即得（Scan-and-go）

針對線上價格便宜、服務便捷的優勢，實體商店必須縮短購物便捷程度上的差距。零售巨頭 Walmart 在這方面就做得比較好，它為行動購物應用優化出一個「店內模式」（In-store mode），還在一些連鎖店實施了「掃描即得」（Scan-and-go）功能，該功能可以讓消費跳過結帳的步驟，只需要用手機掃描商品即可。

作為傳統零售企業，Tesco 和 Cencosud 率先在韓國和智利的地鐵站裡設立虛擬貨架。消費者只需在上下班的路上，在地鐵站的虛擬貨架上掃描商品的 QR code，所選商品會被添加到虛擬購物車，並在購物結束後，用智慧型手機支付。當支付成功後，如果訂單是在晚上 7 點前下，市內某些區域可以保證商品當天到達。美國的線上雜貨配送公司 Peapod，憑藉一流的快遞到家服務快速發展，推出了 QR code 行動購物牆。Walmart 和 P&G 等公司也陸續採用 QR code 提高銷售便利性。QR code 購物大大迎合了工作忙碌白領階層的生活方式，而這種技術的採用也使行銷中重要的兩個 P——「推廣傳播（Promotion）」和「通路（Place）」有效合一。

### 2．即時地點技術（Leverage Geo-point Technology）

智慧型手機的普及，使消費者可以將自己的即時位置與周邊商業零售結合，這種應用在未來有廣泛的市場，可以幫助零售商走出被動等待的局面，對目標消費者主動出擊。Starbucks在美國7大城市推出Mobile Pour服務，消費者在路上走著突然想喝咖啡，只要透過Mobile Pour手機應用，允許Starbucks知道其所處的位置，點好想要的咖啡，接著繼續走路，不久Starbucks的工作人員就會騎腳踏車送上咖啡。The NorthFace針對超級粉絲群推出一個APP，消費者只要逛街時500公尺內有其零售店，該應用就會像鬧鐘一樣響起提示，消費者可以進店體驗，行動支付與行動電商會形成未來零售的一大亮點。

## 第四種：基於通路功能互動的融合（Omni-channel Integration）

過往零售商普遍把通路分開營運，如今要走向全通路融合。雖然常說實體店為線上提供體驗，但一些行業的線上銷售，如傳統的服飾和時裝零售商，通常占整體業務較小的比例（約10%），反而有助於提高實體店銷量。網站和促銷電子郵件不僅為線上產生業務，也為其實體店帶來客流。基於通路功能互動的融合，是把所有通路功能結合，以提供更集中、更全面的消費者體驗。

### 1．「網戰＋巷戰」的組合

蘇寧電器曾提出「店商＋電商＋零售服務商相結合」的雲端商模式，由集團統一採購，不再區分線上與實體店。消費者可以在門市下單，由電商送貨；或者在線上下單，到附近門市提貨。按照張近東的說法，蘇寧要走「沃爾瑪＋亞馬遜」的模式，這種模式要將蘇寧打造成O2O（Online to Offline）平台，線上與實體店同價，線上獲取消費者線索，實體店體驗，利用中國1700多家門市，完成最後一公里的服務與配送。

其實美國的 Walmart、Bestbuy、HomeDepot 等，早就已經開始實行通路功能的融合，線上與實體店共同銷售。其中 HomeDepot 還在官網上提供全國每家分店的庫存資訊，消費者在網路上瀏覽後，輸入郵遞區號，可以查詢指定產品在該郵遞區號地址區域附近的所有分店的庫存資訊。

無論是平台型零售商，還是製造型零售商，如家電企業，都可在此基礎上利用資訊技術，形成「超級店＋社區店＋據點（PC+ 行動）」的通路布局。

## 2．融合真正的難點：利益調節

隨著智慧型手機普及所帶來「即時商務」成為現實，線上與實體店之間的邊界會更加模糊、相互滲透融為一體，無商不電，無電不商。對於傳統零售企業來講，可以考慮的融合方式很多，最大的難點不在於技術，而在於通路乃至模式背後的利益分割。對於自己擁有零售通路的企業來講，線上與實體店融合中，經銷商的利益怎麼保證？應該怎麼設置合理的考核體系？價格體系如何設置？這些問題都是牽一髮動全身，涉及企業資源配置與機制調整的轉型。

零售商 Target 推出了線上與實體店的同價策略，同樣這樣做的還有 BestBuy 和蘇寧。這些企業的實體通路多為自己直接投資控制，因此實現同價相對容易；而在難以實現線上與實體店同價的時候，另一種辦法是利益共享，在歐洲，C&A 鼓勵實體店的員工提供卓越的服務，並讓他們登記消費者的聯繫方式，該消費者的線上所有購物都算入該實體店額度，同時實體店給線上返還一定點數。這種模式也叫做離線聯盟（offline affiliates）或「逆向 O2O（Offline to Oline）」，凡是在實體店掃描 QR code 再線上購買，線上給實體店的零售店分成，使多方獲益。調節好了線上和實體店的利益分配，才是企業轉型、線上和實體店共生的真正開始。

# 15
# 數據時代，我們去哪找數據？

「問渠哪得清如許，為有源頭活水來。」

在大數據產業的全景圖中，資料分析是技術含量非常大的一環，然而很多企業的 CEO 和 CMO 受困於沒有數據的難題。數據源在這個產業，在中國尤其重要，否則，大數據在行銷上會受限並遜色不少。

在前大數據時代，公司是如何獲得數據源？主要有以下幾種方式：公開資訊的整理，包括統計處的數據、公司年報、市場機構的研究報告等公開的零散資訊整理；直接購買資料庫，購買很多產品化的資料庫，比如 Bloomberg、OneSource、Wind 等；自建資料庫，一手數據收集，比如自己設置問卷，或者對企業營運的數據進行集合，比如每年的消費者調查或者品牌調查。

數據源已經發生了天翻地覆的變化：網路與智慧型手機的發展在更多的維度上增加了許多新用戶數據，而且有很多數據的形式是以往難以想像的。除此之外，在線用戶還在源源不斷地產生新數據，並隨時變化。還有更多的採集數據的設備不斷湧現，以特斯拉為代表的智慧汽車，會採集汽車運行數據；工業 4.0、工業網路浪潮推動智慧化數位化生產，持續產生、收集生產領域的數據；穿戴式設備層出不窮，Google 眼鏡、蘋果的 iwatch、Facebook 的 Oculus VR 都會產生新用戶數據。

大數據行業的從業者有多種途徑獲得數據，也就是我們常說的數據源，具體有以下幾種：

- 官方數據（政府部門或企業直接提供的數據或數據窗口）；
- 半官方數據：如各類行業協會、俱樂部提供的數據，這些數據本身是小數據，但是把這些不同維度的小數據綜合起來可以看到全景視角；
- 各個平台的數據：如京東、淘寶、天貓，有些會免費開放數據，有些付費，有些封閉；
- 企業自己收集的數據，一般都是用一些資料採集工具或軟體，工具如：爬蟲軟體、網路爬蟲等；
- 最後就是購買的數據，有一些專門資料採集的機構，像市場調查企業，不過在和這些企業合作時，仍舊需要問清楚它們的數據源是什麼，因為絕大部分市場研究公司不擁有產生數據源的基礎；
- 最後就是一些數據黑市，雖然它們不見光，但可以交易到你想要的一些數據。

數據的獲取方式有很多種，所以需要鑑別數據源的品質，數據就像一個任人打扮的女子，使用的人會選取自己想要的數據展示，所以考量數據的真實性，一個是數據來源，還有就是數據的選擇是否合理。

網路本身就是一個巨量資料庫。自網路建立的所有頁面、訪問、內容每一天都在往這個資料庫中增加位元組。只要具備網路爬蟲技術，就能按照一定的規則擷取網路上的公開數據。結合資料探勘的技術，就能轉化為對消費者行為和觀點的理解，這就是大數據商業化的主要模式。Cookie 是某些網站為了識別用戶身分並追蹤，形成的加密身分認證文件，儲存於用戶使用的電腦上。企業可以透過該工具了解用戶的訪問習慣，比如在什麼時間訪問了哪個頁面，以及不同頁面的停留時間。理論上講，一個網站僅能獲得跟它相關的 Cookie 資訊，但瀏覽器廠商或者某些非法手段，可以獲得所有的 Cookie 數據。SDK 就是智慧型手機上的 Cookie，它內置於各個 APP 應用之中，用戶使用 APP 的所有數據都會被採集並上傳。第三方的數據公司會與各家開發廠商合作，將自身的 SDK 置入其他 APP 中，從而獲得對一個用戶所有智慧型手機行為的關鍵數據。

### 1·「外借」數據源——哪些公司具備數據源？

企業可以透過與外部具備數據源的企業進行合作來獲取數據。我們其實可以把數據源的公司分為三類。

- **第一類是豐饒型大數據企業，這種企業非常稀缺，國外的企業如蘋果、亞馬遜、Facebook、Google，中國國內的企業典型的有BAT、京東。當然這種豐饒型大數據企業雖然擁有強而有力的數據源，但是由於數據源的產生都是依託於不同的業務流，尤其是網路業務流而形成，所以本身的網路業務類型也決定了這些豐饒型數據的維度。比如：淘寶的數據維度是以交易為中心展開，你可以看到什麼樣的商品品類暢銷，同一品類下不同品牌的競爭力如何，還可以定量看到促銷與業績之間的關係；而百度是圍繞資訊搜尋展開，能豐富地看到人們對哪些條目感興趣，對哪些概念點擊率高，從它的數據源能夠揭示需求「正在發生的未來」；同樣是BAT，騰訊是圍繞人展開的數據，以社交數據為中心，覆蓋用戶的娛樂、金融、交易、教育等。選擇與豐饒型的大數據企業合作，首先要考慮數據類型和你的業務目標的匹配性，另外，由於它們壟斷性強，也要考慮它們是否具有數據交易的動力與意願。**

- **既然豐饒型大數據企業太少了，那怎麼辦？你也可以從垂直細分型的網路平台公司找數據源，比如對於生產某款衛生棉的快消品企業，它們也可以和「大姨嗎」合作，從「大姨嗎」的平台數據中買到數據源或者建立合作關係。這就是我們談到的第二種數據源公司，叫做垂直型數據源企業。這樣的公司在行動網路領域非常多。**

- **第三種大數據源公司就是「橫切面型大數據公司」，和豐饒型、垂直型不一樣，這類公司的數據深度並不豐富，但是在某一個維度上廣度甚至超過BAT，比如覆蓋大多數APP中的SDK開發者，他們可以拿到某些APP後台的若干維度的數據，如用戶的地理資訊數據、APP使用活躍度數據，這些數據也可以聚集成數據源，在某些領域來進行商業化。**

## 2・自建數據源

以上談的是三種類型的大數據源頭公司，但是很多企業還想建立自己的數據源，它們可以一方面把自身企業的數據整理好，和外部的數據（如我們上面提到的前三種數據）對接，也可以利用物聯網、感測器等多種技術維度構建自己新的數據維度（見圖 3-7）。

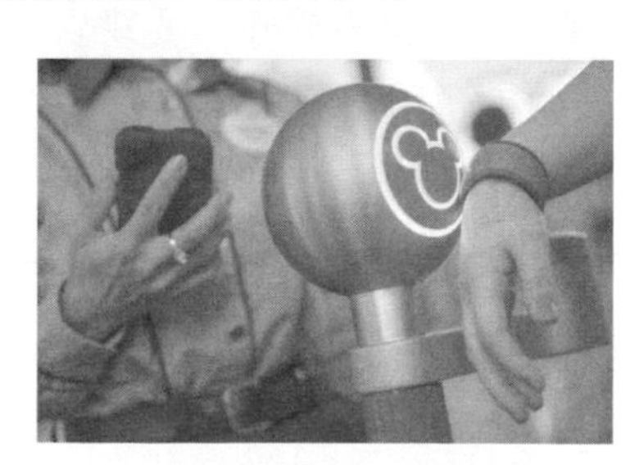

圖 3-7　迪士尼打造的大數據追蹤系統

以迪士尼為例，迪士尼投資三十億美金打造大數據追蹤系統 MyMagic，這套系統能追蹤迪士尼樂園遊客的分布、軌跡、如何消費、什麼時候用餐以及最後購買了什麼，所有消費者在迪士尼內留下的行為最後都「位元化」。MyMagic 的核心產品是腕帶 MagicBand。MagicBand 中嵌入了無線射頻識別晶片，並能與遍布迪士尼樂園的無線射頻掃描設備保持連結。每當遊客戴上 MagicBand 後，其遊覽資訊可以被遍布遊樂園的讀取器接收。MyMagic 的大數據被迪士尼規劃為未來的核心成長產品之一。對遊客而言，MagicBand 幫助他們更方便完成園內體驗，可以透過這一智慧手環打開園內酒店房間房門，進入主題樂園，進行吃飯、遊玩、交通的所有支付，因而遊客非常樂意使用這一便利的設備。但在迪士尼的角度，這就是一個自建大資料採集源的典型案例。

企業從無到有地構建數據平台，具體計劃大體分為三步：

### 1．建立數位化策略，找到數據源

企業先要考慮根據自己的數位化策略，需要哪些維度的數據，當然，對於很多不了解大數據源和大資料分析技術的高管來講，可能要先去了解大數據可以商業化的範圍，並結合自身的行業和業務來形成自己的數據化策略。

保留哪些數據和外部哪些數據融合，首先需要對應到自身公司的業務模式，業務模式不同，需要涵蓋的數據也不同。比如，對於零售型企業，它們需要關注客戶的地理資訊位置的數據、要建立基於門市可以識別客戶的大數據 CRM 系統，而如果我們把零售型企業再細分，對於精品企業來講，它們一方面需要對 CRM 進行大數據的升級，還有一個很重要的就是對品牌競爭力的監控，於是追蹤網路聲量數據就變得尤其重要，CMO 可以設置自身企業的品牌聲量和競爭對手的比較維度、權重以及頻率。

### 2・建立數據管理和應用平台

要有 IT 方面良好的基礎設施，以保證資料處理的結構，比如數據分散式檔案系統、Hadoop 框架。企業需要基於自身業務背景和需要，建立自有大數據平台，進行資料採集、資料庫管理、資料分析等工作。現在，市場上有很多這類專業的數據管理公司。雲端運算和數據中心的出現，外部數據成本已經下降很多，數據的儲存費用也降低了，這就是很多企業會選擇外包的原因。

### 3・數據團隊的組建

根據數位化策略，建立自己的數據團隊，和更新 IT 系統不一樣，數據團隊的組建是高管的工作，需要 CMO 和 CIO 在一起，必要時需設置 CDO 資料長，保證數據和業務之間能夠貫通。

# 16
# 假設我是百雀羚的 CGO

第一波《百雀羚神廣告又來了》，從內容的製作和懸疑程度看，絕對是神作，據說總曝光率 1 億，總閱讀量不少於 4000 萬；第二波，一瓢冷水澆熄熊熊燃燒的火勢，文章是〈哭了！百雀羚神廣告 300 萬閱讀轉化不到 0.00008〉，說此條內容廣告 180 萬人民幣砸下，用 18 個 KOL 最終實現的交易回報是 8000 元。冰火兩重天，真是一場現象級的社群媒體傳播事件，現象級在哪？兩點：傳播度之高，交易率之低。

## 診斷 1：對錯難分？一個現象級的傳播，背後的操盤對還是錯？

對嗎？那為什麼交易只有 8000 元？ 180 萬砸下去，收割的交易回報如此可憐？這不是上個月可口可樂取消 CMO，讓「花錢總監」被 CGO（成長總監）替代的原因嗎？

錯嗎？總曝光率 1 億，總閱讀量不少於 4000 萬，史上最佳傳播的案例之一，誰說品牌傳播是不是一定要對交易結果負責？

還有人說，廣告很好，但是難以刺激購買率，對還是錯？

再有人接著說，難以引發購買慾望的原因，在於整個內容傳播，講好了故事，但產品賣點、解決的痛點一字未提，定位不明，你認為呢？

### 診斷2：對vs.錯，背後的判別的標準是你定？還是客戶定？還是誰來定？依據什麼而定？

想起來一個故事：子非魚安知魚之樂？

一個內容行銷的現象級案例，成敗對錯究竟如何定義與衡量？我曾在書中談過「數位行銷的績效管理與測量」，裡面寫到「Digital index 50」，至少有50個指標可以測；但是我反覆談到，到底如何設置判別指標？只有一條重點——你的策略目的是什麼？

回到百雀羚，我很想問問該公司CMO，在投放之前有沒有清晰的策略目標？是提升品牌認知度（畢竟我之前都不知道還有這個品牌）？還是品牌吸引力？還是引起消費者的詢問？還是購買或者是擁護？如果這些不清楚，我只能說：沒有對錯，或者全部都錯。連你都不清楚你要去哪，談得上對與錯嗎？

如果背後的思維底牌，是品牌診斷後發現品牌老化，需要新一代的網路人群知曉百雀羚，並產生好感，那這個內容行銷非常成功，CMO應該領獎金！多少市場部花了比這多很多的錢，還做不出這種效果！

如果背後的思維底牌，是品牌要實現品銷合一，抱歉，這費用不如直接丟給阿里，用阿里「一夜霸屏」的工具直接導入流量交易，可能更直接。

CMO需要策略思維，這可能才是這一市場活動背後折射出來的痛點，這也才是可口可樂取消CMO，設置CGO的本質。不從市場成長策略來看，一切戰術性的指標討論有意義嗎？有意思嗎？當年，雪佛蘭冠名的Youku瘋傳影片《老男孩》，戰術上絕對成功；但是卻讓雪佛蘭這個品牌的形象，從「中產」變成了「魯蛇」。沒有清晰的策略意圖，與對當下品牌處境的精準判斷，再好的戰術結果最後可能都錯。反過來講，當策略意圖清晰的時候，很多你認為缺乏美感的內容行銷，市場投放後反而是經典之作，比如史玉柱的腦白金、恆源祥的「羊羊羊」，前者讓你煩到送禮時第一想到它，後者讓你厭惡到它知名度貫穿大江南北。可你有沒有想過，他是故意的，他們當時就是要解決知名度的問題，不審時則寬嚴皆誤，有清晰的目的才叫策略！

請問百雀羚的 CMO，你的策略意圖是什麼？

## 診斷 3：背後的思維底牌

怎麼確定你的策略意圖，讓執行與策略一致？四個詞、八個字：目的、本質、關鍵、標準。如果百雀羚的 CMO 在開始前，目標很清楚，效果也達到了，那就說聲恭喜。目的之後看本質，社群媒體的本質是讓人人連結，數位行銷應該圍繞我提到的 4R 模式來運轉：

R1（Recognize）——數位化用戶形象與識別。百雀羚，你這次活動中有沒有抓住、識別你真正的客戶？

R2（Reach）——數位化的觸及與到達，這點做得不錯，可以打滿分！

R3（Relationship）——數位化構建持續交易的基礎，好像沒有做！有沒有透過這次內容的連結，把真正感興趣的客戶拉進你的社群，直接連結，構建去中介化和消費者參與的地盤？

R4（Return）——數位化交易與回報，如果 R3 打下來埋伏，收割指日可待。抓住客戶後想辦法找到 Pay moment（關鍵支付時刻）來收割吧，一堆 O2O 公司每天市場的費用就是這好幾倍！把市場成長策略的思維想清楚了，最後實施的關鍵、標準早就塵埃落定，這場戰役的勝與敗早已知曉！

至於說百雀羚內容行銷中沒有產品賣點，沒有定位的觀點，請再看一遍，社群媒體上品牌的打法和實體店是不一樣的，當你在社群媒體上說「基金理財收益高達 ××% 時」，能有多大的傳播量？

數位化傳播只是術，術無錯對，關鍵點再說一次：你背後的思維底牌是什麼？沒有這張牌，你不可能升級為 CGO ！

# 科特勒眼中的行銷變與不變：

## 不要只摸到象鼻子，CMO 的進化—— CGO 的時代，從品牌觸點到顛覆性行銷思維，解鎖數位時代的市場策略


作　　者：王賽
發 行 人：黃振庭
出 版 者：沐燁文化事業有限公司
發 行 者：沐燁文化事業有限公司
E-mail：sonbookservice@gmail.com
粉 絲 頁：https://www.facebook.com/sonbookss/
網　　址：https://sonbook.net/
地　　址：台北市中正區重慶南路一段六十一號八樓 815 室
Rm. 815, 8F., No.61, Sec. 1, Chongqing S. Rd., Zhongzheng Dist., Taipei City 100, Taiwan
電　　話：(02)2370-3310
傳　　真：(02)2388-1990
印　　刷：京峯數位服務有限公司
律師顧問：廣華律師事務所 張珮琦律師





定　　價：320 元
發行日期：2024 年 04 月第一版
◎本書以 POD 印製

**國家圖書館出版品預行編目資料**

科特勒眼中的行銷變與不變：不要只摸到象鼻子，CMO 的進化 —— CGO 的時代，從品牌觸點到顛覆性行銷思維，解鎖數位時代的市場策略 / 王賽 著 . -- 第一版 . -- 臺北市：沐燁文化事業有限公司 , 2024.04
面；　公分
POD 版
ISBN 978-626-7372-33-3( 平裝 )
1.CST: 網路行銷 2.CST: 電子商務
496　　113003948

電子書購買

臉書

爽讀 APP